當花瓶又怎樣！
你可以是青花瓷！

李函——著

———

這本書謹獻給

在這二十八年中

每個愛我

幫助我

教導我

啟發我

好奇我

影響我的人

———

序——**正視內心的恐懼**

一開始構思這本書時，我陷入了很長一段時間的思考，思考著二十八歲這年，第一本著作出版，能給熟悉我的人帶來什麼？又能提供不熟悉我的人什麼？

剛入行時，因為年輕，覺得美好的青春就該浪費在自己覺得有興趣的事情上，所以在模特兒這條路上碰撞，學著把吃苦當作經驗，把絆腳石當成彈跳板，期許自己能飛得更高、走得更遠。

從小的家庭教育養成了我不輕易退縮的個性，我喜歡挑戰，更喜歡挑戰後帶來的成就感和注目，其實在這些光環的背後，隱藏的是一個沒有自信的小女生。

遇到害怕的事情、不會的事情、挫折的事情，我習慣隱藏；隱藏久了，似乎成為了我的習慣，它會讓事情變得更好，也可以說是一種自我防備。我想每個人都有這樣的防備，只是怎麼運用它，當作讓心更強大的練習。當你發現自己不能或不會的時候，適時離開舒適圈，去找到下一個起點；一旦離開了舒適圈，一定會覺得不舒服，但也因為不舒服，才是真正成長的開始。

在開始之前，不安和恐懼是有的，總會擔心著成果，幻想著結局如何。相信我，克服內心的恐懼，正面迎敵，才能一步步邁

向理想的道路。我通常會為自己訂立一個很大的目標，然後試著拆解它，列出短期、中期跟長期目標，每次達標後，自信心又更往前了一步。

自信，是對自己的信心，也是正面思考的實踐。很多人會在連續遭遇挫折之後，或是發現自己眼高手低、無法實現原本的期待時，失去自信心，我也是這樣的。但是通過大膽的拆解自己，可以慢慢地建立自信。

當事業逐漸上軌道後，因為合作的對象和團隊多了，我開始對許多事情吹毛求疵，但在我心中，依然維持著剛出道時柔軟的心態。即使心裡不舒服，仍然用最優雅的姿態面對，這是一個艱難的訓練，不過我很享受其中。

最後，我想透過這本書，讓對時尚產業有興趣或好奇的人，能擁有一個參考的借鏡。看完我的經驗，你也可以回頭看看自己的人生旅途，在碰撞的過程中學習成長了多少，把握了多少，歡迎你們跟我一起進入這個世界，也謝謝你們完整了我的不完美。

我是李函，這是我的人生上半場。

Contents

In
amera

鏡頭就是我的靈魂

1.

我出生在一個平凡的家庭，有一個話不多但很疼愛子女的父親，性格直爽、有些嚴厲的母親，以及小我四歲的妹妹。爸爸那一方的親戚大多都很會讀書，擁有亮眼的高學歷，爺爺奶奶對「讀書至上」的價值觀深信不疑，因此教育子女的重責大任自然就落在媽媽的肩上了！從小媽媽對我的期望就很高，心甘情願地花大錢送我去雙語教學的私立國中，希望我好好讀書，將來能考上一流大學或出國留學，找個「體面」一點的工作。

媽媽努力培養我的才能，送我去上各種才藝班。細細數來，我學過的才藝真不少，像是繪畫、古箏、揚琴……我對於音樂與藝術很有興趣，學得有模有樣，但唯獨對學科束手無策。我很愛媽媽，也了解她望女成鳳的心情，想要符合她的期待，可惜，努力之後才發現，我根本不是讀書這塊料！

對花樣年華的少年少女們來說，學校就像是個小型社會，大人們簡單粗暴地用二分法將學生分成兩大類──會讀書的和不會讀書的、長得好看和長得不好看的。雖然近年來隨著學歷貶值、金融海嘯帶來的低薪風潮，大家對於「萬般皆下品，唯有讀書高」的執念已經放寬許多，在我念中學的那個年代可是非常嚴重的。尤其我念的是私立學校，更是完全「以成績論英雄」。「學霸」可以在校園裡橫行無阻，受到師長和同儕們的推崇，成績不好的人最好安分守己，低調行事。

國中的我屬於那種成績不好、長得好看的女生。姣好的外型開始引起大家對我的關注，走在校園裡，許多人朝我投來羨慕的目光，但另一方面也招來了一些同儕的忌恨與攻擊。不喜歡我的人，話裡話外似乎都在暗示著，「李函不過就是仗著自己長得漂亮嘛！也不好好念書，不過是個虛有其表的花瓶罷了。」這麼說真的是冤枉我了，我不是不認真學習，而是課本上密密麻麻的知識，對我來說就像天書一般。即使硬生生地吞了下去，也無法吸收消化，遠不如美術與音樂那樣生動有趣。

那時，我唯一成績還不錯的科目是英文。因為我們是雙語國中，學校特別聘請了外籍教師和學生練習日常對話。說也奇怪，我很怕生，就是不怕開口說英語。在一次次對話練習中更是加深了我對英文的認識和喜愛，心裡甚至出現一個念頭：希望將來能夠將英文學以致用，成為一個空姐，不僅符合媽媽的期待，也滿足自己愛漂亮的渴望。

考不上公立高中，人生就只能這樣了嗎？

升高中那一年，我在考場上失利了。原本我的成績就不算好，加上臨場表現失常，考不上公立高中，只好去念五專。那時的我對自己產生了懷疑：既然不擅長念書，何必堅持要走這一條路呢？心裡有個小小的聲音開始冒出來──這真的是我想要的人生嗎？

我念的是私立國中，管理嚴厲，不但不能燙染髮，女生的頭髮長度甚至不能超過耳下一公分。不過，即使學校規定再嚴格，也關不住少女們愛美的渴望啊！從小我就很愛漂亮，國中時會背著老師和父母去便利商店買少女雜誌，模仿模特兒的穿搭和髮型；或者用零用錢去藥妝店買平價的隔離霜，偷偷擦一點在臉上，也能開心好久好久。

進入五專，所有女生們都像一夜之間重獲新生般，她們將頭髮染成五顏六色，濃妝豔抹，也替嚴肅的課堂增添了一抹青春活潑的色彩。脫離了國中時期嚴格的髮禁和師長們的鐵血管控，我和其他女同學一樣，覺得自己來到了可以盡情打扮、展現自我的自由天堂，原本壓抑的愛美之心瞬間大噴發！我開始化妝、重視自己的穿著打扮，原本想要發憤圖強插班考大學的目標，很快就被我拋到九霄雲外去了！

學姊的試鏡邀約，敲開模特兒大門

我在五專念的是自己很有興趣的英文科，但沒有認真讀書，英文會話能力甚至比國中還要退步。受到校園的讀書風氣影響是一大原因，更多的其實是對未來感到茫然。此時，一個來自熟識學姊的試鏡邀約，打破了我原本平靜的生活。

學姊的工作是新娘秘書，為了尋找拍攝型錄的模特兒，兜兜轉轉地找上了我。學姊覺得我的外型、身材都很符合需求，至於拍照技巧，誰會對一個年僅十五歲的小女生抱持太高的期待呢？總而言之，這家公司請我先去試鏡看看，若真的適合的話，再考慮之後的合作也不遲。

我的伯父是一位愛好攝影的業餘攝影師，從小就經常找我去拍沙龍照，我也樂於當個小小模特兒。我很喜歡那種穿上漂亮的洋裝，站在鏡頭前，對著相機擺出各種美美的POSE的感覺。

雖然我算是已經習慣拍照的人，要去試鏡之前，還是非常緊張。第一次面對這麼正式的場面，看到現場除了攝影師，還有化妝師、服裝師、助理……黑壓壓的一群人，讓我從等待的時候就忍不住手心冒汗，坐立難安。

然而，等到真正上場拍攝時，面對鏡頭，不知怎麼地，我的緊張感卻像潮水般迅速退去。站在攝影機前，我看不見旁邊一大群工作人員，聽不到四周嘈雜的聲音，全世界突然變得安靜，彷彿只剩下我和眼前那顆鏡頭而已……

試鏡結束後，學姊驚訝地問我：「妳以前是不是做過模特兒的工作？」她說我的肢體十分有張力，一點也不像沒有經驗、表現生澀的新人。而看到電腦螢幕中那個陌生又熟悉的自己，我心裡突然激動起來，那是一種言語無法形容的感受。

當天晚上，我興奮得睡不著覺，腦海中不斷浮現出白天所拍攝的照片畫面。我心想，如果腿再多邁前一步，表情再收斂一點，會不會更好？把自己當作專業模特兒一樣，不斷地審視自己。

當時年紀輕輕的我還不知道往後會走上專業模特兒的路，甚至不知道下一個案子在哪裡，只知道站在攝影機前的自己是多麼快樂。

因為，鏡頭就是我的靈魂。

2.

當花瓶又怎樣！
你可以是青花瓷！

拍攝婚紗型錄是我第一次接觸與模特兒有關的工作，我很喜歡
這份工作。更重要的是，它在我心裡埋下了一顆夢想的種子——
以後我想當個模特兒！

我把工作的照片都上傳到當時最火紅的社群網站「無名小站」
上，有不少外拍攝影師主動聯繫我。

過了一陣子之後，我意識到，自己真正想做的似乎並非外拍模特兒，得知身邊的同學中有人在做網拍模特兒，我又告訴自己：「如果別人可以，憑什麼妳不行呢？」我開始投履歷給一些網拍廠商，認真推銷自己，不久就接到一份樂天購物的拍攝工作，開啟了網拍模特兒生涯。

在我的五專生活中，網拍工作可說占了一大半。平常在學校裡，我都盡量保持低調，從不刻意炫耀，沒想到當我把工作照放在「無名小站」之後，還是引來了不少麻煩。這些照片在同儕中流傳開來之後，我成為了學校的紅人，卻是負面的評價居多。有人在我的無名上匿名批評我，有人酸我不務正業，還有人說我是空有外表、卻沒有腦袋的花瓶，對我進行猛烈的人身攻擊。

現在回想起來，這大概是我人生中第一次遇到「酸民」吧。受到攻擊的當下，我心裡很難過。一開始，我很在意這些蜚語流言，但是後來我逐漸認清了一件事：那些惡意攻擊你的人，大多都是出於嫉妒心，眼紅你的成績。他們不認識你，也不知道你在背後付出了多少心血和努力，不過是自己過得不如意，又看不慣別人的成功罷了！眼看好不容易培養起來的一點自信心，就要因為這些不相干的人毀於一旦，我真的甘心嗎？不行！我對自己說，絕對不能被這些無憑無據的謾罵給打倒。

我很想告訴那些嘲笑我是個虛有其表的花瓶的人說：
「當花瓶又怎樣！你可以是青花瓷！」

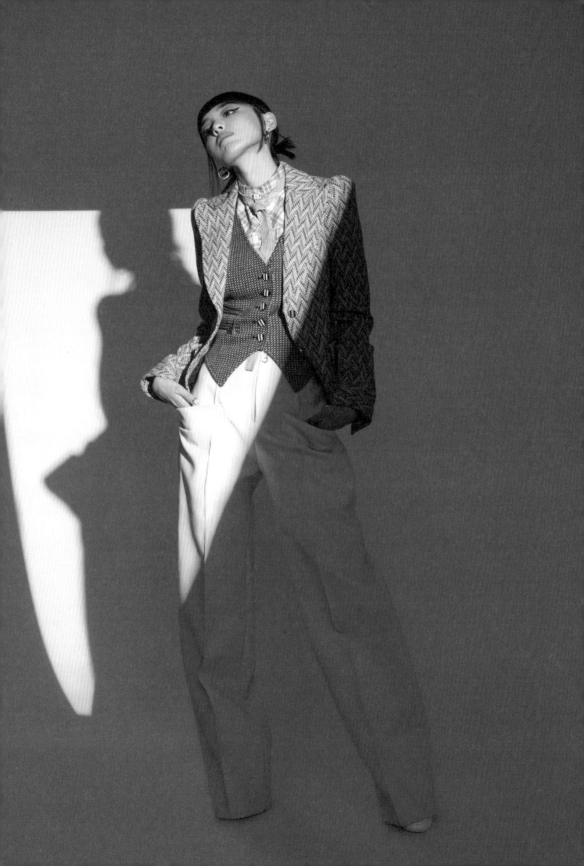

愛美無罪！身為女生，妳當然可以愛漂亮，但是一定要有內涵，並且看見自己的價值。就像青花瓷一般，是獨特且無可替代的。

有個心理學上的名詞，叫作「標籤效應」。美國心理學家貝科爾認為，當一個人被貼上標籤時，會產生一種心理暗示，使他的行為漸漸與所貼的標籤一致。

多年前，美國有位小學老師珍‧艾略特也設計過一場經典的「標籤效應實驗」，很有趣。她將班上的學生按照眼珠顏色分成二組，一組為藍眼珠組，另一組為棕眼珠組。實驗的第一天，她以認真的口吻告訴孩子們：擁有藍色眼珠的孩子通常比較笨，擁有棕色眼珠的孩子則比較聰明。除此之外，她還規定藍眼珠的孩子必須配戴一條造型醜陋的領巾，並且只能坐在教室的最後面，兩組孩子不能一起玩，而棕色眼珠的孩子則擁有比較好的待遇。結果，藍眼珠的孩子們被貼上這樣的「標籤」後，不到一天的時間，就接受了這個「事實」。他們覺得自己比較愚蠢，沒有自信；相反地，棕眼睛的同學認為自己比較優秀，因而出現驕傲自大的表現。

第二天上課時，艾略特又跟學生們說她犯了一個錯誤：事實上，是藍色眼珠的孩子比較聰明，棕色眼珠的孩子比較愚笨才對。於是，在短短時間內，一切情況都改變了！藍色眼珠的孩子覺得自己變得聰明，隨堂測驗的成績也領先棕色眼珠的孩子

許多；棕色眼珠的孩子則出現與藍色眼珠的孩子前一天同樣的反應，情緒低落、心情沮喪、缺乏信心。

這個「標籤效應」看似簡單，但在現今社會中，是不是小到性別、外貌、學歷、工作，大到國籍、種族……許多人的腦海中充滿了各種刻板印象，被一些「標籤」所束縛。如果這些標籤是負面的，有些人也許會覺得不公平，進而採取「逆標籤」的行動。

沒錯！我就是屬於這種人。

在校園裡「爆紅」之後，原本平靜的生活受到了干擾，儘管有人惡意排擠我，也有人刻意裝熟、巴結我，而我一概冷處理。平常兼顧課業與工作已經夠忙、令我焦頭爛額了，還要花多餘的心力來應對複雜的人際關係，讓我過得很辛苦。不過，那段曾經被言語霸凌的慘痛經驗，也讓我培養出「帶恨成長」的頑強心態，越是不受肯定、越是被人看不起，我便越不服輸，非得證明給那些人看，我做得到！

我是個害羞又隨和的人，但是一旦被人瞧不起，心中就會點燃起一股熊熊鬥志。面對別人的質疑，我不會立刻反駁回去，而是更堅定了「你否定我，好！我會記著，總有一天證明給你看！」的決心。

天生反骨

3.

很多粉絲會好奇，我的英文名字「Kiwi」是怎麼來的？念雙語國中時，每個人都要有一個英文名字。我那時的英文名字是「Claire」，與班上另外一個女生撞名，我們便猜拳決定誰要改名，而我猜拳輸了，只好另取新的名字。當時有同學建議我可以從中文名來發想，我叫李函，因此順理成章地取了「Hanna」這個英文名。這個名字沒什麼不好，可是有一點無聊。剛好那時電視上經常播放一個很流行的機車廣告「Kiwi 100」，我已經不記得廣告內容，但很喜歡「Kiwi」這個俏皮中帶點叛逆的名詞，就像我的內心世界一樣。若要用一句話來形容自己，我想「天生反骨」是個不錯的定義。我最討厭的就是別人規定我，你應該怎麼樣、不能怎麼樣，越是被禁止，我便越想要去挑戰。

一開始做模特兒這個工作，我的家人是反對的。我媽媽是一個很傳統的女人，對於模特兒這一行，她總覺得不安全、不健康又沒有保障。當我接到第一份工作，開心地和她分享時，換來的卻是一頓責備，以及一張禁止令。她甚至放出狠話：「如果妳要走這行的話，就別跟家裡拿錢！」然而，正值叛逆期的我怎麼可能會乖乖聽話呢？所謂「上有政策下有對策」，我只好祕密進行模特兒的工作。這對住在家裡的我來說，有一些難度。當時，白天有工作的話，我就選擇翹課；如果晚上有工作，就騙媽媽說我要去同學家做報告，然後事先將拍照要用的衣服和鞋子，藏在逃生梯間。每次工作結束，回到家前，我還會躲在電梯裡，將臉上的化妝品快速卸乾淨後，才敢踏進家門。

媽媽的不信任，讓我更迫切地想要證明自己的能力給她看。因此，不管接到什麼樣的拍攝任務，我都會打起精神，全力以赴，能做到一百分就絕不接受九十分。

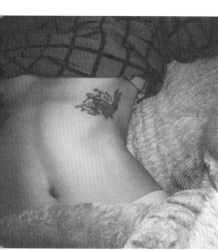

我沒有受過任何專業的模特兒訓練，一切都是靠自己摸索出來的，可我真的樂在其中。平時我會在家裡對著鏡子擺POSE，觀察自己哪個角度最漂亮？什麼樣的姿勢最能展現出良好的身材比例？如何運用肢體語言和表情來詮釋身上的服裝？

我的模特兒工作越做越順遂，也不愁接不到案子。而工作起來就像是拚命三郎的我，將所有時間和精力都消耗在工作上，結果就是學業成績一落千丈！雖然我都會努力趕上學校的考試，最後還是因為缺課太多，面臨慘遭退學的命運。

退學這件事在我的家裡掀起了不小的風波，卻也讓我卸下了心中沉積已久的大石頭。比起一邊念書一邊拍照的「斜槓人生」（那時還沒出現這個詞），我更想要全心全意地投注於拍照，將青春奉獻給我熱愛的模特兒工作。

除了翹課，我的叛逆也反映在穿耳洞。剛入行那陣子，我一口氣在耳朵上打了二十個洞。或許是基於自我保護的心理，我渴望在外表上塑造一種強烈的距離感來武裝自己。另一方面，身體的疼痛也帶給我一種莫名的刺激快感。這就跟女生失戀了會想要剪頭髮、有些人為了紀念某件事而選擇去刺青，是一樣的。身為模特兒，我不敢在身體上做太大的改變，怕窄化了將來的出路，只能自虐地在耳朵上打洞，宣洩一下內心的壓力。

自立門戶做自己

4.

入行一陣子後，我被某家娛樂公司相中，開始有一個固定配合的經紀人。當時的我覺得有個經紀人是一件多麼酷的事啊，彷彿自己真的成了一個小明星！雖然我不喜歡社交，但為了能順利接到工作，打點人際關係還是必要的，必須與各個窗口保持聯繫。有了經紀人後，就不須親自處理各種繁雜的事務，只要按照時間表到拍攝地點工作，就能拿到錢。對於不善交際、只想悶頭拍照的我來說，這真的是很完美的組合。

透過經紀人的牽線，我也接到了許多以往無法接觸到的工作，像是第一次走出網拍圈，拍攝廣告 MV、少女雜誌等，長了不少見識。然而，合作了一陣子後，一些問題漸漸浮出水面。經紀人幫我接的雜誌工作，大多是以年輕女孩為讀者群的少女雜誌，因此將我的形象設定成青春、可愛、甜美的模樣。

然而，我卻開始感到不自在，拍起照來覺得彆扭又綁手綁腳的，似乎無法像從前那樣，在拍攝過程中獲得單純的滿足與快樂。

一直以來，我視為理所當然的東西，竟然在不知不覺中動搖了……意識到這一點的時候，我徹底慌了！為了配合少女雜誌的讀者需求，我總是一身甜美打扮。在攝影棚裡，我不斷追逐著最新流行，衣服一套換過一套，只為了迎合眾人的眼光和期待。看著雜誌上那個笑容燦爛的Kiwi，全身散發著青春的活力，人見人愛。

我知道，那不是真正的我。我也知道，時尚圈日新月異，想在專業模特兒這條路上走得長久，就必須走出自己的風格。

可可・香奈兒女士曾經說過一句話：「時尚會變遷，不過風格會永恆。（Fashion changes, but style endures.）」這句話影響了香奈兒的品牌精神，他們甚至還生產過一款絲巾，上面密密麻麻地平印著這句話，讓我印象十分深刻。此時的我，一直隨著大眾化的潮流走，對讀者來說毫無記憶點，宛如一個只負責在櫥窗裡展示新衣服的假人模特兒，徒有光鮮亮麗的外殼，卻沒有自我。

這是我第一次靜下心來，仔細傾聽自己內心的聲音。在生活中遇到事情，向父母、家人、師長或朋友尋求幫助，總有人可以和你一起想辦法解決問題，但是面對內心的掙扎，唯一能依靠的只有自己。這也代表著，我必須獨自面對心中的無助與空洞。

擁有經紀人幫忙排工作是很輕鬆的事，但貪圖安逸、一直躲在舒適圈的我，失去的或許是那些更不願意失去的東西。我心想，是時候面對那些不敢面對的東西了。我跑去和經紀人說：「我們想要的東西不一樣，我想要自己試看看。」

Choose Easy ≠

Choose Happy

重新出發
的勇氣

5.

說出了「獨立宣言」後，心裡一時之間很暢快，可是真的離開經紀人後，我在工作上遇到了不少困難和障礙，彷彿是一記當頭棒喝。「Kiwi，妳選擇了一條多麼嚴峻的道路！」少了經紀公司的人脈，我沒有辦法繼續接到拍攝雜誌的工作，只能回到網拍模特兒的世界。雖然我在網拍圈有一些合作過的廠商，倒也不難回去，每月都能維持一定的接案量，但網拍照片受限於成本及工作型態，品質自然不能與雜誌相提並論。

對網拍業來說，時間就是成本。工作時，狹小的攝影棚內往往擠滿了工作人員，所有流程都講求快、狠、準！那時我一天平均需要換一百多套衣服，整天穿著高跟鞋走來走去，回到家時，腳都腫了。

然而時間一久，我又覺得這樣下去不行，因為只待在網拍圈子裡，永遠不會成長。網拍模特兒是個舒適圈，難度低、賺錢快，照片拍來拍去，永遠是那幾個 POSE，一旦抓到訣竅後，就像是例行公事一樣，挑戰性真的不高。

我認清到這絕對不是長久之計之後，開始思考，究竟有什麼方法可以重新回到雜誌圈，讓自己在專業模特兒這條路上，更上一層樓呢？我回想起剛入行時，曾經主動投履歷給網拍廠商，「是呀！這不就是最簡單直接的方法嗎？」況且現在的我有過雜誌拍攝的經驗，比起當初那個什麼都沒有、只有滿腔熱血的我，有利多了。

雖然之前都是經紀人敲工作，我還是會在工作現場和雜誌編輯交換名片，他們的的聯繫方式，也都好好地保存在我的名片盒裡。我翻出了那些名片，打電話給以往合作過的編輯，問他們是否有適合我的案子？雖然被許多人拒絕，也嚐到了人情冷暖，幸好，仍然有不少人願意給我機會，讓我試一試。

跨出這一步，我心中的天使與惡魔，不知交戰了多少回合。惡魔無所不用其極地削弱我的意志，說我是「任性」、「不成熟」的女孩。要打敗心中的惡魔不容易。但是，遇到事情時，先不要管別人怎麼說，冷靜下來，好好聆聽自己的心聲。當你考慮清楚之後，勇敢踏出去。你會發現，所謂的「惡魔」，不過是你內心恐懼化成的一團幻影罷了。

人生就是一個不斷面對各種考驗也一直在摸索的過程，努力找尋自己的答案，是每個人的人生課題。遇到挫折時也別氣餒，就當作是老天給我們的期中考吧！

太容易得到的東西，不一定會懂得珍惜，選擇也是。無論選擇什麼樣的人生，你的人生永遠是由你自己決定的！大部分的人會因為安於待在舒適圈，而不敢輕易去嘗試未知的事物。只有當你勇於跳脫、努力去嘗試，才知道未來會發生什麼樣的事情。沒有人可以強迫你改變，當你發自內心地改變，才能真正去接受它、擁抱它。

與甜美Kiwi
說bye bye！

剛入行時，我和身邊的女同學們一樣，追逐少女雜誌中當紅的模特兒身影，像是《ViVi》的藤井 Lena、梨花，後來漸漸開始關注高端時尚圈的超模，受到了不少啟發。隨著關注的對象不同，也打開了我對「模特兒」的想像，它所呈現出來的形象不只是亮麗、甜美，也可以是強烈、張揚、黑暗、厭世……等等，這促使我開始思考自己想要成為什麼樣貌的模特兒。

從很久以前開始，我就意識到自己內心有叛逆的一面，只是年少時期沒辦法表現出來。後來看了日本電影《惡女羅曼史》以及《NANA》，我被影片中的女主角莉莉子、大崎娜娜的魅力深深吸引，心中開始浮現出想要變得和她們一樣酷的念頭。外表，曾經是我和前經紀人之間很大的鴻溝。他致力於把我打造成受到大眾認可的甜美、清新模樣，但我其實不太喜歡，對這樣的自己感到很陌生。

我不喜歡照著別人安排的固定腳本走，經紀公司提出的規定，對我來說是很大的束縛。例如去參加試鏡時，他們可能會認為短瀏海太過特立獨行，要求我保持和其他模特兒一樣的髮型，被選上的機會比較大。可是我覺得，我就是我，為什麼不能留短瀏海？為什麼不能拉長眼線？我不想要被塑造成另一個不屬於我的樣子，只想要做我自己！

離開經紀人後，我剪短了瀏海，畫上煙燻妝，走「暗黑個性風」，成為了現在大家看到的 Kiwi 李函。

當時的我還很青澀，失去了經紀人的保護，本身又不是擅於談判交涉的性格，因此在工作上吃了不少虧。職場是個很現實的地方，因為我看起來善良又柔弱，加上單槍匹馬地工作，常常被欺負，包括費用、工作時數、合約期限，都曾受到不合理的對待……被占便宜的次數多了，讓我渴望自己能擁有堅強武裝的外殼，成為一個看起來很兇、距離感很重的女生。

當我變換髮型去拍攝現場的第一天，廠商跟攝影師都被驚嚇到了！幸好，大多數人都滿欣賞我的新造型。原本我以為工作可能會因此受阻，沒想到之後陸續接到一些過去對我沒有興趣的雜誌社拍攝邀約，路線頓時拓寬了不少。

可能是因為我在網拍時期的形象被塑造得太甜美，很多人看到網路上的照片，就會覺得：「李函只能這樣了吧！」但是，突破了以往的形象，我更忠於把自己真實的一面呈現出來，反而得到更多客戶的青睞，以及讀者的支持。

你是否常常覺得，做自己是一件很困難的事？因為總會有一些耳語和異樣的眼光，阻擋在你前頭，讓你窒礙難行。甚至有時候，就連呼吸都覺得無法自由自在。很多人覺得做自己很困難，是因為擔心真正的自己不被接受或不被喜愛。這時候不妨想想，經過偽裝、戴上面具後的自己，有比原來的自己更值得喜愛嗎？

所謂的「做自己」，不是毫無節制、為所欲為，而是一種讓心靈感到自在的狀態。做自己，從來就不只是說說而已，最難的是堅持到最後。倘若你對現在的自己不滿意，能做的事情就是努力超越自己。要知道，真實的自己遠比那個偽裝的你更好、更有價值。

ur

Life

7.

喜歡的事情，
值得拚盡全力去做

二十一歲那年的我，身兼模特兒與經紀人，工作十分忙碌。我自己接工作、與接案窗口談價碼，安排妥當一切事務後，再一個人拎著化妝包和行李箱去拍照。那時的我輾轉於雜誌、網拍的拍攝現場，常常發生一些手忙腳亂的狀況。比如說當我正在幫一家服裝廠商拍攝秋冬型錄時，手機響了，立刻和工作人員連聲道歉，跑去角落接電話；等到另一間廠商的問題處理完了，才火速回到鏡頭前，繼續拍攝。

這樣四處奔波的日子讓我吃了很多苦頭，卻比待在經紀公司時要快樂許多，也意外得到許多人的幫助。這段時間，我認識了一位工作生涯中很重要的貴人——在《壹週刊》擔任時尚編輯的冠旭。我們因為拍攝《壹週刊》認識，一見如故，後來仍然持續保持聯絡。

冠旭對我來說就像個心靈導師一般的存在。那時的我對於自己的性格、適合做什麼、想要什麼，都感到十分迷惘。而他一直很有耐心地引導我，給予我正向的支持和肯定。當我工作碰壁時，他幫助我調整心態，重新出發；離開經紀人無依無靠的時候，敲我通告；在我內心徬徨的時候適時點醒我，提供我一些方向。每次工作結束之後，他都會特別叮嚀我一些細節，像是哪些動作需要修正。網拍模特兒拍久了，常會有幾個固定的動作，用這一招半式就能闖蕩江湖，但是，拍攝精品照，應該是穿什麼衣服就要展現什麼樣子才對。在冠旭的協助下，我將自己打掉重練，學習真正時尚的拍法。

接下來，冠旭建議我，該是跳脫網拍模特兒的身分，往下一個階段邁進的時候了。最初我先從一些平價品牌，如H&M、ZARA開始，慢慢將觸角延伸到精品，甚至獲得夢寐以求的、拍攝時尚雜誌國際中文版的機會。一直以來，我都很感謝冠旭。在他的陪伴下，即使得不到家人的支持，沒有公司作後盾，我仍然憑著不服輸的勇氣，一步步往前，離夢想越來越靠近。

當模特兒事業稍微穩定下來，我開始思考另一件事——念大學。念五專時我將重心全部擺在工作上，導致缺課太多、被迫休學，無法拿到畢業文憑。後來在媽媽的強烈建議下，我有了回到學校讀書的念頭，之後用同等學歷考上了德明財經大學。雖然這一行並不看重學歷，但是想要走得長久，總不能被人輕易看扁吧！重新回歸學生身分後，我知道必須把握這次機會，要是再畢不了業，最高學歷就只剩下國中畢業了！

當然，我也不會放下最喜歡的模特兒工作。和媽媽討價還價後，我選擇了就讀夜間部，開始過著學業和工作、蠟燭兩頭燒的生活。或許有的人會覺得先專心念完大學再工作也不遲，但模特兒這行吃的就是青春飯，我不想浪費任何一點時間。同時兼顧學業和事業很辛苦，但我從來都沒有想過要放棄。那時我大多白天工作，傍晚收工後，不管多忙多累，到了晚上六點半，一定會準時跨進教室的門。即使人在中南部拍攝，還是會想辦法搭高鐵衝回台北，常常連行李都來不及放下，就拎著大包小包去上課。

我曾經在書上看過一句話：「人生就像一杯茶，不會苦一輩子，但總會苦一陣子。」人生在世，只有短短幾個秋，也不會事事如我們所願。對於喜歡的事情，我一定拚盡全力去做，就算再辛苦，都值得了。

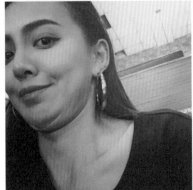

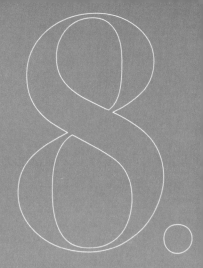

別人的否定
是成長推進器

從網拍時代開始，我就很喜歡看時尚雜誌國際中文版，就算那時我拍照身上穿的都是台幣兩、三百塊的衣服，還是會去超商、書店翻閱這些雜誌，也會看看雜誌上的攝影師的名字，以及出現的 model 是誰。如果有一個「台灣模特兒」的隨堂考試，我有自信能夠拿到滿分，哈！因為再小眾的模特兒，我都如數家珍。我喜歡透過雜誌這個媒介來欣賞這些閃亮亮的人物，幻想有一天能和他們一起並肩工作。

挑戰國際中文版一直是我的工作目標，但總是不得其門而入。有一天，這個千載難逢的機會竟然主動來敲門了。

我是網拍模特兒出身，進入雜誌圈後，自然受到很多人的質疑。第一次拍攝某家雜誌國際中文版時，在整個工作過程中，我明顯地感受到自己受到了不公平的待遇。它不是呈現在工作酬勞或是茶水招待上，而是一種感知，我可以清楚感覺到大家並不看好我、有種瞧不起我的感覺。

當時合作的攝影師不喜歡我，雖然他沒有明說，但他鄙視的表情、刻意冷淡的態度，都明顯得讓我無法不去注意。開始拍攝時，他先用一種帶刺的語氣問我：「妳有拍過國際中文版嗎？我怎麼沒看過妳？」他的潛台詞彷彿是說：「她就是網拍模特兒，來這裡湊什麼熱鬧？」就連我最自信的 POSE 都被他狠狠地糾正和批評，自信心瞬間瀕臨瓦解的狀態……

休息時間，有些人開始聚在一起竊竊私語、八卦我的事，也讓我如坐針氈。但是，嘴長在別人臉上，我又能怎麼辦呢？當下，只能忍住下一秒就會崩潰大哭的情緒，堅持不在工作中示弱，並且在心裡暗暗發誓：「以後我一定要變得很強，讓他們後悔說過這些話。」

這些刁難與耳語，身邊的工作人員其實都看在眼裡。我還記得卸妝時，化妝師 Our 對我說了一段話：「欲達高峰，必忍其痛；欲戴王冠，必承其重。這是成功必經的過程，每一個成功的人都要能忍下別人所不能忍，證明自己最好的方式就是爬得更高、做得更好！」聽完這番話，我心裡似乎沒那麼難受了，取而代之的是一股被激勵的感動。我忍住差點掉下來的眼淚，深深地吸了一口氣，咬著牙，繼續把工作完成。

從那天起，我對自己許下了一個承諾，就是絕對不要把負面情緒再傳給下一個與我工作的人。

前進香港

大學畢業前夕，我突然對工作產生了一股莫名的倦怠感。雖然我依然喜歡拍照，然而長期過著高壓的生活，難免有些疲憊。而比起身體上的疲累，心理上的壓力更令我無所適從，我發現不管自己再怎麼努力，似乎都無法獲得別人的認同。剛入行時，我很希望能登上時尚雜誌，對那時懵懵懂懂的我來說，這是一個追尋夢想的里程碑。幾年過去了，我如願以償，從網拍模特兒中脫穎而出，躋身國際中文版《VOGUE》，但是當夢想成真之後，我卻不知道下一個目標是什麼……

我和化妝師聊起這件事，他問我：「妳喜歡妳的工作嗎？」我說：「喜歡，但也覺得好疲累……我好像永遠沒辦法滿足所有人的喜好，討好每一個人。」他有些緊張地說，再這樣下去可能會得憂鬱症，鼓勵我去海外發展看看。我聽了覺得很有道理，台灣的市場小，對時尚精品也比較不重視，如果能去國外見見世面，相信對我未來的發展一定很有幫助。

我將世界地圖攤開，覺得一開始就飛去歐美國家未必能適應，不妨從離家比較近、語言又通的城市著手。接著，我做了一些功課，發現香港時尚產業發達，也比較缺少像我這樣有強烈個性風格的模特兒，決定去那裡試試看。面對工作，我一向是行動派，說到就一定做到。當天回家後，我立刻上網買了一張前往香港的機票。第二天是學校畢業典禮，第三天早上，我只帶了簡單行李和存有作品集的 USB，就一個人飛到了香港。

當時我鎖定了六家經紀公司,其中三間,我先寫信聯繫,禮貌地詢問是否有合作機會;另外三間則是抵達香港後,直接衝到經紀公司門口按門鈴,把對方給嚇了一跳!

面試的過程並不順利,香港人第一眼見到我,先用銳利的眼神將我從頭到腳掃了一遍,打量著我身上有什麼精品?然後,有的人直接批評我的身高一百七十四公分太矮,有人坦白地說我沒辦法幫他們賺到錢,還有一個經紀人為了給我下馬威,要求我當場用英文做二十分鐘的自我介紹。我雖然清楚這擺明了是刁難,在毫無準備的情況下,也不知道該講些什麼。可是,我從對方的眼神中明顯看到了輕蔑,那股不服輸的念頭又油然而生……此時,我很慶幸以前在學校受過英語的對話訓練。我從介紹家人、念什麼學校開始做自我介紹,講到如何踏進模特兒產業、一路走來的工作歷程,足足講成了三十分鐘,讓對方頓時啞口無言。

面試了六間公司,最後有一間給了我一個工作機會——擔任 2% 的大中華區廣告代言和活動模特兒。萬事起頭難,我並不氣餒。剛到這個人生地不熟的地方,我誰都不認識,也不了解香港的模特兒圈生態,像是活在孤島一般。為了省錢,我選擇住在便宜的青年旅館,有時為了工作,必須當天香港、台灣來回飛,也發生過倒貼機票錢的情形。接下第一份代言工作後,在香港各大百貨公司、港鐵的看板上都可以看見我的身影,不僅能見度變高了,知名度也跟著大增。許多經紀公司表示想要簽下我,可是我知道他們只是為了從中獲取利益罷了。

二〇一七年初，也就是我第一次準備前往時裝週前半年，因緣際會之下，認識了一位香港當地的經紀人。由於不了解真實的狀況，我天真地以為他的人很nice，也滿了解我的。單純的我，他說什麼就信什麼，此外他還告訴我，有能力帶我去巴黎時裝週闖一闖，我也傻傻地相信，差點就和他簽了約。

等到時裝週日期越來越逼近，接觸到其他香港人後，我才了解這個經紀人有問題，知道自己被騙了！原來他一直以來都在畫大餅，說要帶我去時裝週，其實只是想帶老婆去歐洲玩。我們沒有簽約，他卻在背後擅自幫我接工作，用我的名義向品牌或雜誌要東西，當對方直接敲我通告的時候，才恍然大悟。他甚至營造出我的聯絡窗口很多，找我工作很麻煩的假象。

他得知我並沒有要和他簽約後非常生氣，在香港的雜誌圈封殺我，像是到處亂說我的壞話，把我講得很難聽，想要影響一些圈內人對我的看法。我因為這些事情感到心灰意冷，他卻解讀成我是一個貪心的人，只是為了利用他而接近他。後來在時裝週場合，遇到來自香港的雜誌編輯，我都會主動解釋那些誤會，總算和大家漸漸恢復了合作關係。

在香港工作的三、四年期間，我處處碰壁，也遇到了很多事情。面對接二連三的挫折，我學會了把吃苦當吃補，並且把他人的否定轉換成鞭策自己前進的力量。香港的時尚圈是一個很現實的地方，大家的穿搭都是一身精品，初次見面的時候，他

們會將你從頭打量到腳，看看你擁有什麼厲害的行頭，才決定要不要和你說話。我當然也被冷眼看待過，直到我努力存錢買了一些精品後，他們才願意給我好臉色看。

實際到了香港後，我發現它和台灣有相當大的落差，我感覺大部分的台灣人都比較崇尚「小確幸」的生活，也很容易自我滿足。但是，從香港回來後，我的世界變寬廣了，野心也變大了，我知道在不知不覺中，自己有了KOL這個角色，所以我會給自己設下不同階段的目標和計畫去執行。就像毛毛蟲要脫蛹而出變成蝴蝶，必須經過蛻變的過程，才能擁有美麗的翅膀。轉變的過程是痛苦的，但每一次的蛻變，都會帶來令人驚喜的成長。

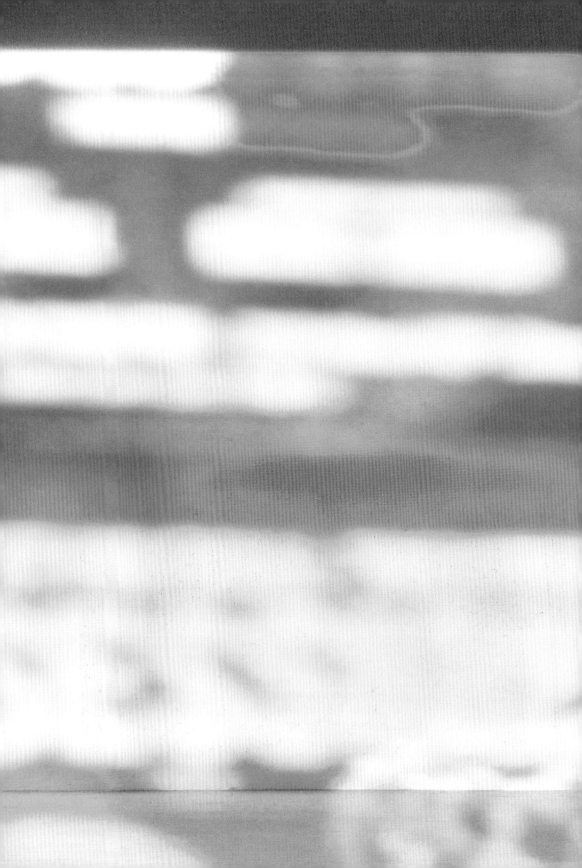

時裝週

10.

二〇一七年九月，我收到了來自Burberry和Dior的邀約，邀請我去倫敦時裝週看秀。在這之前，我從來沒想過會被品牌邀請，在驚訝之餘，也夾雜了不安與亢奮的心情，我很開心，想趁著這個機會，讓更多人知道我是李函，一個來自台灣的模特兒。

許多人會問我，要怎麼樣才能拿到時裝週的入場券？如果你有財力，在一個品牌砸下重金，單季買到台幣四、五百萬的話，就可以拿到邀請卡。但一般人沒有這麼雄厚的本錢，我也是因為之前參加了 Burberry 的活動，表現得不錯，被品牌記住，才有了後來的邀約。

第一次參加倫敦時裝週時，我的心態還沒有準備好，心裡抱持著一種小女孩去見偶像的心情，就搭上了飛機。對我來說，時裝週像是一個神聖的時尚殿堂，我滿心期待著會在秀場遇到哪些時尚名人。時裝週確實沒有讓我失望，許多平時只有在雜誌上才看得到的名人，像是「老佛爺」卡爾拉格斐、美國版《VOGUE》的總編輯安娜溫圖，還有許多金光閃閃的明星和藝人，都出現在我的眼前，像是作夢一樣。

當我坐在台下看秀時，旁邊一個香港編輯突然問我：「Kiwi，妳最喜歡上一季哪個設計師的單品？」我當場愣住了，腦中一片空白，一時之間答不出話來。對於自己沒有做好功課，我覺得十分丟臉。在那次難堪的經驗之後，我痛定思痛地告訴自己：「既然要在時尚界立足，就一定要了解時尚，才有資格站

在這裡。」也是那次經驗，讓我了解到，想要成為一個成功的模特兒，光是穿上漂亮衣服、擺擺 POSE 是不夠的，還需要培養對時尚的敏銳度及品味。之後，只要有機會到國外工作，我一定會去當地時尚品牌專賣店看看最近的新品和設計，也會固定閱讀時尚雜誌、追蹤時尚編輯、造型師等潮流人物的 IG，關注一下國外時尚圈的動向。這些習慣也為我日後轉型成為 KOL，奠定了扎實的基礎。為了成為一個更全方位的模特兒，我報名了演員訓練班，揣摩各種表情和肢體語言，讓自己在拍照時眼神和動作更有戲，充分表現出品牌背後的精神。

時裝週，讓我更加了解很多高端品牌背後的故事，原本並沒有想太多，只打算跑完倫敦的時裝週而已。出乎意料地，倫敦的行程一曝光後，就收到許多新的工作邀約，有秀場、活動，也有一些來自亞洲的品牌和媒體，而其中最令我振奮的，是歐洲當地雜誌的大片拍攝邀約！

我向來是自己主動投石問路，尋求機會，一下子收到這麼多國外廠商的青睞，令我有種不真實的感覺。除了出席品牌大秀之外，我也一邊投入其他拍攝工作，走遍了倫敦、米蘭、巴黎三個歐洲最大的時裝秀，收穫很大。年輕、充滿商業活力的紐約，有著典雅紳士風格的倫敦，歷史悠久、工藝精湛的米蘭，以及浪漫奢華的巴黎，這四個引領時尚的大都會每年九月到十月、二月到三月都會舉行「春夏時裝週」與「秋冬時裝週」，展示各大品牌的潮流服裝。

以往時裝週結束之後，還要等上六個月，才能買到當季最新商品。但近年來某些品牌開始推出「即看即買」的策略，顧名思義，就是商品上架時間與時裝週同步，讓消費者看完秀，就能在門市買到熱騰騰的新品。另外，許多品牌在春夏、秋冬時裝週的空白期發現了商機，因而推出「早春度假系列」、「早秋系列」來填補消費者等待的時間。早春及早秋系列不受「四大國際時裝週」限制，沒有固定在哪個城市舉辦，而是根據品牌歷史、設計師的創作靈感來源等決定，如 CHANEL 早春大秀曾經在凡爾賽、杜拜、首爾、洛杉磯、德國等各大地點舉行。

飛去第一站——倫敦時裝週前，我的心裡其實有些不安，擔心語言隔閡、文化差異，擔心在國外沒有人認識我，可能會被看不起⋯⋯但到了當地，才發現這些擔憂都是多餘的！

跑時裝週，每天都有忙不完的事情，在一整天的行程中，不只要看秀、參與活動，有時還會安插其他拍攝工作。如果遇到比較前衛或比較複雜的造型，梳化就需要更久的時間。通常，我會一邊化妝一邊處理手上的工作，像是今天 IG 要發什麼文、接下來還有什麼行程，都會跟經紀人 Amber 一一確認。

三大服裝週跑下來，我觀察到其他模特兒幾乎都有團隊幫忙，我身邊卻只有 Amber 一個人。因為人手不足，導致我們每天都忙得團團轉，恨不得多出一隻手來！好在 Amber 的能力真的很強，隨時都能跟上我的工作節奏，我們很有默契地運用零碎時間來處理事情，否則時間真的不夠用啊！

除了模特兒，時尚產業還有各個角色，像是編輯、攝影師、造型師，大家因為有志一同而聚在一起。與歐洲的拍攝團隊合作，打開了我的視野，也讓我學到了很多東西。首先，歐洲造型師功力高得驚人！他們的穿搭相當多元，有大品牌的服飾，也有當地設計師的作品，加上一些古著和特殊飾品，混搭出來的效果常常令人驚豔！

除了服裝別具創意，歐洲人對模特兒的POSE接受度也比亞洲高。跟著當地的團隊一起工作，讓我漸漸擺脫了內心的包袱，開始隨心所欲地擺一些平常很少出現的姿勢和動作，就像跳舞一樣，十分過癮！

結果原本以為可能會被歧視、看不起的問題，完全沒有發生。在台灣工作時，由於競爭激烈，同行相忌的情形時不時發生；然而在國際舞台上，大家都抱持著彼此包容和欣賞的態度，關注對方的優點。

時尚是我熱愛的產業，誰說在這個產業，就一定要遵守既定的規則呢？每個人都是獨一無二的個體，自然也有不同的、適合自己的做法，不需要墨守成規。我不會因為哪個人特別成功，就盲目地去效仿他，我有我的方式，也相信自己獨一無二的價值。

意外的插曲

在時裝週期間，我也遇到一些意料之外的事，最嚴重的就是我的手提行李被偷了！我和 Amber 在米蘭時裝週趁著空檔，想要出去放風走走、吃點東西，順便拍一些穿搭照分享給我的粉絲。沒想到，我們不過轉身買個冰淇淋，放在腳邊的行李箱就不翼而飛了！不只是服裝和配件，Amber 的相機以及記憶卡放在裡面，也一併被小偷給 A 走……

雖然我們事後報了警，行李箱還是沒有找回來，所以在之後的行程，我們都只能克難地用手機拍攝穿搭照。幸好 Amber 絲毫沒有愧對我給她的「最強經紀人」稱號，即使手機攝影也難不倒她，留下了很多精采的畫面。

我在 IG 上告訴大家相機被偷的窘境之後，收到許多粉絲和朋友的關心。幸運的是，有個認識的攝影師恰好在歐洲，他私訊跟我說，若有需要的話可以支援我，他的雪中送炭，讓我的心好暖！後來大家看到的巴黎美照，就是來自 Amber 的手機以及這位攝影師朋友緊急救援的成果。

出席時裝週雖然外表風光，背後的準備卻要花費極大的金錢、時間與心力。每場秀的服裝都要提前規劃，每套行頭的設計和搭配都需要絞盡腦汁才行。儘管如此，圈內人還是擠破頭地想要拿到一張進場的秀票，因為它確實能為模特兒增加許多曝光量，帶來豐厚的利益。

每一場時裝週，都會吸引國際級時尚雜誌的編輯、攝影師們前往，包括時尚界的聖經《VOGUE》、《Marie Claire》、《ELLE》等，其他雜誌社、穿搭網站也都會慕名而來，使時裝週成為一個時尚資訊匯集地。若是模特兒、KOL 們能在街拍中脫穎而出，受到注意，就能迅速提升知名度，甚至吸引品牌的興趣，展開合作。我喜歡將時裝週比作為模特兒、KOL 們打造的期中、期末考，雖然過程很累人，卻是自我檢視與提升自己的跳板。

跑完時裝週後，我意外地得到許多新的機會，一些國際大牌，像 Louis Vuitton、Versace、Gucci 都來找我合作，我的照片也出現在國外網路媒體的「你一定要追蹤的時尚部落客」專題中。因為這些契機，我還接到了新加坡《L'officiel》、香港的《Ming's》和馬來西亞《CITTA BELLA》的工作邀約，登上了他們的雜誌封面。

我發現，在國外的工作經驗，比在台灣還要快樂。我想台灣可能是因為地方小、人口又密集，競爭意識自然比較強烈；在歐美，兩個 KOL 所在的城市可能天差地遠，每個人走的路線也不一樣，沒有什麼好競爭的。有一次在歐洲參加品牌活動，現場有來自世界各地的模特兒，全場只有我和 Amber 兩個亞洲人。本以為會是艱難的一天，可能要待在自己的位子上「耍自閉」，沒想到許多人都主動前來打招呼，熱情地問我來自哪裡、最近工作怎麼樣？這樣誠心誠意地交流和互動，讓我感到十分舒服自在。

外語，只是溝通工具

在歐洲趴趴走的這段期間，我結交到了不少外國朋友，體會到語言是促進溝通的重要媒介，但絕對不是拿來炫耀自己的工具！亞洲人常常對「英文好」有種迷思，彷彿英文能力好就是高人一等，英文不好就會降低競爭力。

我國中念雙語學校，五專、大學念的也是英文科，英文程度經常成為同學之間互相比較的戰場，大家常常會比發音漂不漂亮、像不像外國人、口說有多流利、具備多少英文單字量⋯⋯然而真的與外國人對話時才發現，他們根本不在乎你發音標不標準，或使用的字彙有多高級，只要交談順暢，能了解彼此所要表達的意思，那就夠了！外語是一種工具，當你和別人溝通時，如果能少一層隔閡，自然就能多一分理解。

回想小時候立志當空姐的夢想，才發現自己對語言的想法太狹隘，我想要驕傲地對那時候的自己說：「妳看！我現在不用當空姐也能用得到英文，一樣可以飛到世界各地！」

11.

我就是
自己的品牌

二〇一五年我隻身闖蕩香港,一開始沒沒無名,接下 2% 的大中華地區代言後,原本拒絕我的香港媒體主動來找我,我也陸陸續續拍了許多雜誌,曝光量變多,開始有精品注意到我。

二〇一六年,Burberry 的一個活動企劃想在亞洲找尋六位紅人參與拍攝計畫,我有幸成為其中的一位。活動期間,品牌方對我的印象頗佳,拍攝結束之後又持續邀約我參加其他宣傳活動,成為我轉型 KOL 後第一個合作的精品品牌。也因為這樣,台灣的主流媒體開始注意到我,IG 的粉絲數逐漸上升,到了二〇一九年已突破三十萬人;當我意識到這件事的時候,才知道自己已經算是個小有影響力的 KOL 了。

二〇一九年最開心的一件事情,是被 Louis Vuitton 欽點,去紐約參加二〇二〇早春度假系列。台灣分公司原本因為預算只打算帶藝人,完全沒有考慮 KOL。但在上呈名單給總部的時候,總部發現沒有我,就問:「怎麼會沒有 Kiwi 李函?」可能是他們喜歡比較酷的女生吧。

我能去紐約,是 LV 巴黎總部的決定。作為一個模特兒,我已經具有一定的國際知名度;但作為一個 KOL,我覺得自己還有許多需要努力的地方。許多人並不了解 KOL 與網紅、網美區別在哪裡,似乎只要在網路上分享美照、旅行照,就是網美。各行各業中,都有自己的 KOL,他們的受眾有特定的年齡層、性別或興趣。想要學習某種風格的穿搭,可以鎖定某些穿搭部落格

或 IG 紅人；旅行、美食、美妝……也都各自有屬於這些領域的
KOL。進入網路世代後，一些指標性的 KOL，影響力甚至超過傳
統媒體。

我認為身為平面 model 中的 KOL，不是只要把自己打點得光鮮
亮麗就好，除了做好模特兒本分之外，還會努力發揮自己的影響
力去做一些正向的事。既然要做一個 KOL，享受光環的同時，
當然要負起該有的責任。參加活動時，不要只是悶著頭工作，
或是跟明星合照，一定要了解精品背後的故事和設計理念，或
是下一波的趨勢是什麼，然後把這些內容寫出來，和粉絲們分
享，才是盡責的表現。

當模特兒，最重要的是要能符合品牌服裝所要呈現的氣質，太
具個人特色的造型，如染髮、刺青等，可能會窄化發展的路；
而當 KOL，則是把自己經營成一個品牌，最重要的是，打造獨
特性與個人風格。其實，風格和個性都是自己創造的。不同人
穿同一件衣服也會看起來大不相同，因為每個人都有獨特的氣
質和個性，是無法 copy 的。

以前當模特兒的時候，我不敢在明顯的地方刺青，也不敢將頭
髮染成自己喜歡的顏色，現在回想起來，當時並沒有誰跟我說
「妳不准染髮」、「不可以刺青」，都是自己的心魔在作祟，
生怕太標新立異會錯失工作機會。既然無法在造型上大動手
腳，我只能透過打耳洞來「做自己」，變成擁有二十個耳洞的
打洞狂魔。

下定決心轉型 KOL 時，我把頭髮剪短，染成耀眼的金色。不是因為壓抑太久，或是有多喜歡這個顏色，而是想藉由行動來告訴自己，從此以後我可以依照自己的喜好，自由地改變造型，不需要再為了接工作，強迫自己變得跟大家一樣。

成為 KOL，少不了頻繁的社交活動。說話一直是我的罩門，我是個不善言辭的人，比起語言，更喜歡用肢體來表達情緒。然而身為一個公眾人物，流暢的口語表達是必須具備的條件。為了訓練口條，我和 Amber 商量之後，決定去各大學演講試個膽，另一方面，也分享自身的經驗，給有心步入時尚產業的年輕學子們。

第一站是輔仁大學，我們和校方合作舉辦期末講座「如何找到自己的風格」，那場講座的報名人數多到出乎我的意料！看著台下黑鴉鴉的一片，那麼多雙清澈而熱情的眼睛緊盯著我，我的心臟噗通噗通地、跳得好快！有些年輕女孩頭上頂著和我一模一樣的短瀏海，眼角拉著又黑又長的眼線，令我驚訝又感動。

那是我第一次意識到，原來自己的一言一行，真的在不知不覺中影響了一些年輕人。輔仁大學的演講結束後，其他學校的粉絲也陸續私訊我，「太羨慕輔大了，要不要也來我們學校舉辦講座呀？」看到那些私訊，我心中升起了一股成就感，並非出於虛榮，而是知道有人看到我的努力。能夠受到這麼多人的喜愛，讓我由衷地感到滿足和快樂，這是單純做模特兒所無法擁有的體會。

很多人知道我身在光鮮亮麗的時尚圈，都會羨慕地說：「好好喔！可以穿漂亮的衣服，常常出國，去很多地方玩！」走過許多國家，在世界各地工作的經驗告訴我，每個地方對模特兒的尊重程度是不一樣的。在歐洲參加品牌活動時，我發現和台灣很不一樣的地方──模特兒與 KOL 很受重視，待遇完全不比藝人差。

歐美國家向來比較重視時尚，英國、法國、義大利都是時尚產業的發展重鎮，許多國際大品牌的總部都在此生根；在美國，也有許多深具潛力的新興品牌、年輕有為的設計師，為時裝產業帶來了巨大的商業利益。除了歐美，我也去日本工作過好幾回，印象很深的是，日本是個注重美感的國家，他們民族性中的「職人精神」，讓他們懂得尊重各行各業的專業人士，包括 KOL。

有一次我去紐約參加 NYX 的品牌活動時，全場只有我一個亞洲模特兒，品牌方的工作人員不時會過來詢問我：「還好嗎？習不習慣？」同行之間的相處也都維持著禮貌和尊重的態度。要是同樣的場景搬到台灣，我想應該不會有人主動關心一個來自國外、不甚出名的模特兒吧！一些相熟的外國模特兒曾私下跟我說：「來台灣工作好累！」即使只是短暫的出差，他們也能感受到台灣人對模特兒的態度不甚友好，這一點令我既難過又不好意思。

在台灣，時尚精品這塊一直乏人關注，大家的注意力比較集中在生活、旅遊部分，高端精品對台灣人來說，是帶有炫耀、炫富性質的，很少人真的會去了解，精品這個圈子，背後到底是如何運作的？

與歐洲團隊一起工作時，我感受到他們非常尊重模特兒的個人想法。在亞洲拍照時，我常有個感覺——自己像是一個受人擺布的傀儡。廠商會想要掌控模特兒的妝容和POSE，要求像參考圖片一模一樣，不容許模特兒做變化。殊不知，人與人之間本來就不可能做到一致性，模特兒也因為不同的長相、性格和氣質而有不同的風格。遇到同樣情況，歐洲模特兒可能會覺得這樣的妝容不符合自己的個性，向化妝師反應，提出自己的意見。「眼線可不可以再拉長一點？」、「口紅色號能不能再深一階？」工作人員都會認真地與模特兒討論、尊重她們的意見。他們認為，讓模特兒工作時感到舒服，呈現出的畫面才會更自然。在擺POSE方面，他們也給予模特兒極大的自由度和發揮空間，讓我拍照時感到非常自在。在台灣工作很講求效率，拍攝時間通常抓得比較緊湊，工作人員也會在一旁不停催促，把氣氛弄得很緊張，往往無法營造出讓模特兒舒適工作的環境。

不管在哪個領域或行業，不管是職場或伸展台，都難免有競爭出現，但我相信，不去和他人比較、做惡性競爭，而是把期待與壓力變成成長的動力，才是正確的做法。

模特兒的工作，做到三十歲幾乎就是極限，KOL就像是我模特兒生涯的延續，讓我能繼續待在最喜歡的時尚圈裡，也給了我在服裝造型上很大的自由度。

然而凡事有利就有弊,轉型 KOL 後,我面對的不再是單純的攝影機與觀眾,被迫加入複雜的圈內生態,一些勾心鬥角的事常令我感到心很累,加上 KOL 在國內不受重視……種種因素使我一度灰心喪志,因而選擇去紐約放空一個月,思考著下一步該往哪裡走。

其實比起當 KOL,我更喜歡單純的模特兒工作,不用想太多,只需專注當下,拍好眼前的這套服裝,每天都可以沉浸在工作的喜悅之中。然而當 KOL 就不一樣了!工作中常常需要和人群接觸,時時關注網路流量和輿論,心情處於緊繃、無法放鬆的狀態。

一開始我以 KOL 而不是模特兒的身分參加活動時,都是以一身輕便的裝扮入場,在全身都是名牌貨的網紅中顯得格格不入,就連工作人員也頻頻向我投注異樣的眼光。

那時我心裡浮現了一個疑問:「模特兒的工作,不就是穿上廠商提供的衣服、化上指定的妝容,好好演繹品牌的精髓嗎?模特兒穿什麼衣服來,又有什麼好在意的呢?」

後來我才漸漸明白,雖然當 KOL 後造型自由度提高了,但同時也意味著,我身上的每一件服裝、飾品,都代表了我這個人。所謂 KOL,就是要把自己經營成一個「品牌」,你平時穿什麼衣服,化什麼樣的妝,都代表了你的風格與品味,進而吸引粉絲們追隨。

我開始陷入掙扎,甚至懷疑,現在的工作形態真的是我想要的嗎?

努力卻得不到認可的滋味

我從二〇一六年開始做 KOL，到了二〇一九年，受到更多的主流媒體關注。一方面可能是 KOL 在國內總算出頭，另一方面，也是我的 IG 做出了一些成績。經營 IG 前兩年，沒有媒體理我，直到他們發現我在國外真的有知名度，才陸續有專訪找上門來。

做時裝這一塊，有個小小的潛規則，如果你想要不靠努力做出成績很簡單，砸錢就好了！所以，許多KOL會花錢購買昂貴的時裝品牌，營造一個贊助商很多的形象。我不曾做過這件事情，身上的精品都是靠自己辛苦工作得來的，或是獲得國外品牌的肯定才有這些贊助和秀票，但不知情的人卻常常說出風涼話：「李函？不就是個拿著精品包的 KOL？」、「她就是很幸運啊！」

每次聽到這些言論，心裡都很難過。我在國外闖蕩了那麼久，經常主動為台灣發聲，用英文向外國人介紹台灣，希望讓他們更認識我的家鄉是個美麗的寶島；我也會留意自己出門在外的一言一行，不要給台灣人丟臉。好不容易，我在國際舞台有了知名度，贏得不錯的口碑，這些努力卻不被自己人看見，還得面對各種流言蜚語，有時不免覺得心寒。

在國外參加時裝活動時，香港、新加坡、馬來西亞的雜誌媒體常常請我舉牌向觀眾問好，或錄 IG 限時動態幫忙宣傳。「××雜誌的觀眾朋友們大家好，我是 Kiwi 李函！」可惜只是這樣短短的一句話，我卻很少有機會在台灣的媒體說出口。

其實一起參加國際品牌活動的台灣媒體大多認識我，我也曾和他們合作過。但是一出了國，他們對我的態度變得冷淡，甚至裝作不認識。反而是一些國外相熟的媒體，見到我都會熱情地寒暄。

這樣一冷一熱的落差一度讓我心裡感到十分不平衡，覺得媒體是很勢利的。在他們的眼裡，我是個網拍模特兒出身的小人物，現場還有更有名氣的明星藝人或星二代值得報導。

KOL 在台灣不受重視的現象，由此可以看出端倪。事實上，在國內媒體中，時裝週的重點永遠都放在藝人身上，鮮少留篇幅給真正認真在做時裝的 KOL。即便都是 KOL，媒體也會比較偏好報導有綜藝感、好笑、可以製造爆點的人，偏偏我的性格外冷內熱，無法勉強自己為了流量去拍搞笑影片或是炒作一些腥羶色的話題。

我在意的並不是名聲或媒體的吹捧，但不斷上演這種出國受到尊重、回台灣又被冷落的戲碼，猶如洗三溫暖一般，讓我的感受一次比一次更深。這也讓我心裡很不服氣，想要變得更強，而這種心態也在無形中加深了我的壓力。

為何不挺自己人？

有一次我向冠旭訴苦，說到台灣媒體態度冷淡、甚至自己人都不挺自己人時，他反問了我一句：「誰才算是自己人呢？」在攸關利益的工作場合中，並不是來自同一個地方的，就是自己人。事

實上，KOL 與傳統媒體、藝人，本來就是完全不同的兩條道路，不需要陷入無謂的鬥爭之中。換個角度來看，你會發現傳統媒體維持不容易，KOL 這個新興職業的出現，對傳統媒體造成了很大的衝擊，也突顯了他們日漸減少的影響力。或許這些媒體針對的並不是我個人，而是「台灣 KOL」這個群體，因為我拿到了品牌的秀票，相當於原本可以分給媒體的秀票又少了一張。

這次的早春時裝週，巴黎的 LV 總部出錢邀約我參加，在傳統媒體裡，是不可能發生的事。以前在我拍網拍的時代，冠旭就曾經和我說過：「上了《壹週刊》就是邁向大眾的開始。」同樣地，LV 這個一線品牌主動向我敞開大門，象徵著我已正式進入時尚界主流，若要繼續向前走，來自他人的嫉妒眼神只會越來越多。傳統媒體和 KOL 之間，是一種衝突與合作並存的微妙關係，它和產業的結構性有關，注定無法和平相處。

時尚圈是個很多元的地方，來自不同國家、文化的人們齊聚一堂。設計師 Virgil Abloh 是個非裔美國人，雙親都來自迦納，靠著自己力量在美國時尚產業闖出一片天。他從 Fendi 的實習生開始做起，後來創立自己的街頭服飾品牌，現在是 Louis Vuitton 的男裝藝術總監。

日本、美混血名模森星（Mori Hikari）以修長的身型、秀麗的臉蛋受到許多品牌青睞，並連續兩年出席有「時尚奧斯卡」之稱的紐約大都會博物館慈善晚宴「Met Gala」，也是唯一的日本人。

如果在 Met Gala 看到森星，你會覺得她是日本之光嗎？若哪天在工作場合遇到 Virgil Abloh，你會說他是非洲迦納之光？還是美國之光？答案是「NO」，他們不管來自哪裡，只屬於自己，是在時尚圈努力奮鬥、最後獲得成功的一群人，而不是背負「某某之光」的虛名。所以，不需要為自己貼上任何標籤、自我設限。

我一直抱持著把自己當成時尚產業公務員的心態，腳踏實地努力，盡力完成品牌要求的事情。在時尚圈，我不會勾心鬥角，搞那種虛假的姊妹情。虛偽做作的人，各行各業都有，但只有達到專業，才能讓你在這個圈子活得長久，那些只會到處炫耀、攀關係卻沒有實力的人，也許能風光一時，時間一久，絕對會原形畢露。面對輿論和八卦，不妨一笑帶過吧！用低調的態度，做出別人眼中高調的成就。

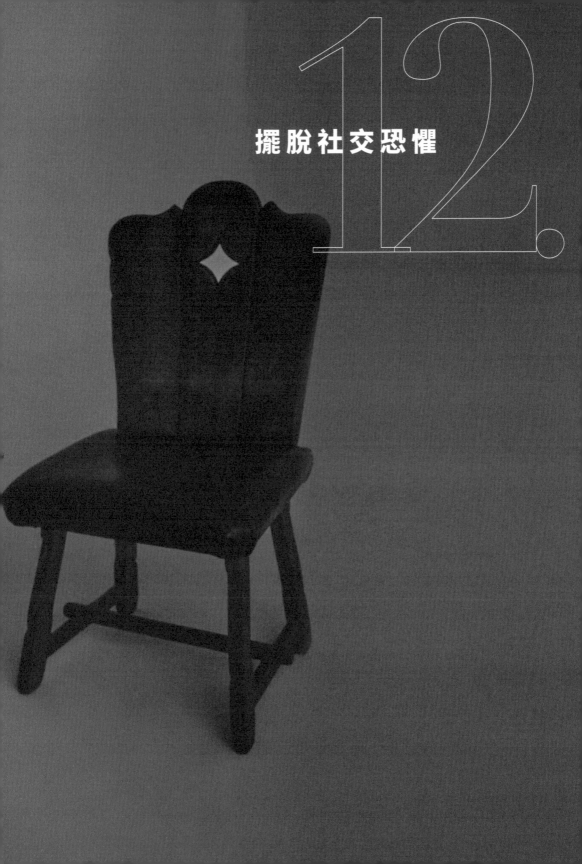

12.

擺脫社交恐懼

從模特兒到KOL，最令我不習慣的地方是「社交」已成為日常工作中必要的一環。我常自嘲有社交障礙，KOL這個職業好像不適合我。當模特兒是件很單純的事，我只需要拍好照，收工、結束！KOL卻需要大量的社交和應酬，應付一大堆人情世故，而這些東西往往讓我覺得很虛假。

我只想踏實地把該做的工作做好，但有些活動方平時一定會舉辦 welcome dinner、welcome party 等活動，還是需要在這些場合與不同國家的公關媒體或是 KOL 交流。有時候我不禁懷疑自己究竟在做什麼，這樣的生活真的是我想要的嗎？我很清楚，自己喜歡的是時裝，而不是時裝圈虛浮的生活，但身在其中，卻不得不入境隨俗。

在這個圈子，很多人只想和看起來風光、可以為自己帶來利益的人交朋友，到處都上演著造神運動。只要你敢說大話，很容易變成「老師」或者新一代偶像，不懂得宣揚自己的人，就是吃虧。當我靠著努力接到了一些大案子後，有媒體開始注意到我，但有些人只看到我表面的成功，而將一切歸因於幸運。那陣子的我，外表看起來風風光光，上了這雜誌的封面、得到哪個品牌的代言，看似順遂，其實我的內心生病了。我常常感到厭世，累到喘不過氣來，甚至有一些憂鬱的情緒出現，卻一直壓抑在心裡。

我渴望找回當初做模特兒工作的熱情。因此，我聯繫了冠旭，與他聊到最近的煩惱。與冠旭深聊過後，我體認到，高端時尚圈有

它美麗的一面，也有它假面、現實，甚至畸形的一面，有些人樂在其中，有些人格格不入，何苦一定要勉強自己融入呢？各行各業都存在著自己的社交禮儀與潛規則，也一定有惱人的交際應酬；一般公司的職員，也需要學習與客戶往來的技巧。這些人並不是天生都擅長社交，為了生存，不得不摸索出一套處世之道。

時尚圈雖然看似複雜，其中的眉角也有規則可循。工作時，只要保持大方得體的態度，不卑不亢，做好自己的本分，雖然可能不太顯眼，至少不會出大錯。

參加公關活動、晚宴，是作為 KOL 的一個必經過程，表面上看起來，其實都屬於可以控制的場合。例如從座位安排就能看出每個人的地位高低；事先做一點功課，就可以知道活動的流程、社交禮儀，以及需要配合宣傳的部分。活動之前，務必清楚了解自己出席的目的，然後思考幾個腹案，來應對突發狀況，如此一來，比較不會產生額外的心理壓力。視活動性質，採取不同的策略應對，提升自己對公關場合的熟練度，就可以輕鬆過關。

很多人都有社交恐懼與焦慮，他們天性不喜歡與人交流，處在人多熱鬧的地方，或被迫在眾人的注目下發表言論時，就會感到渾身不自在，我也是如此。因為個性內向，又不擅言詞，我習慣靠肢體來傳達內心的想法，模特兒對我來說，就像是天職一般。

有句西方諺語「好奇心殺死一隻貓」說得好，好奇心就殺死了我原有的害羞和怕生。當我覺得害羞的時候，肢體就會變得僵硬；感到怕生時，也容易對眼前的挑戰感到退縮。平常也許還能勉強裝作沒事，一到了拍攝現場，相機鏡頭就像一面照妖鏡，那些僵硬的動作、驚慌的眼神全都無所遁形，藏都藏不住。但是，眼前好似有一個潘朵拉的魔盒，讓我生起想打開它，看看裡面有什麼的渴望。對於新鮮事物的好奇心，最終還是戰勝了未知的恐懼。

只要找對了方法，我相信好奇心是可以和社交恐懼共存的。我也朝著這個方向努力，慢慢地調整自己的心態。每當有新的工作來敲門時，盡量不去想會面臨什麼樣的困難與壓力，而是換個角度去想，今天又會發生什麼新奇的事情、遇到什麼有趣的人？期待能夠拍出精采的作品。每一次，當我秉持著「用好奇取代恐懼」的心態去面對客戶或雜誌的邀約，內心的驚慌就被擦去了一筆，逐漸培養出迎接挑戰的勇氣。

Kiwi Lee 李

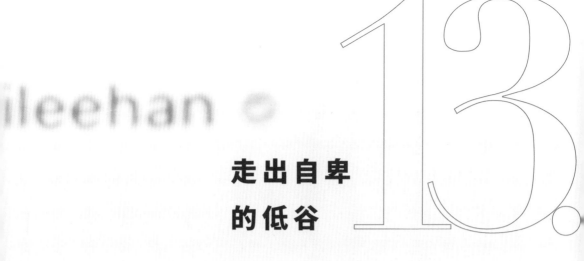

13.

走出自卑
的低谷

身處五光十色的時尚圈，我常疑惑，為什麼隨著我的事業越來越成功，可以自在聊天、打打鬧鬧的朋友卻越來越少？後來我發現，不是朋友消失不見，是我們的距離變遠了。

一直以來我都告訴我自己：「Kiwi，妳不可以變。」我改變的只是外表，還有工作上想要變得更好、更努力的決心，其實內在的我還是當年那個小女生。我沒有改變，也不會因為自己發達了，就不念舊情，但現實好像不允許這樣。有句話叫「高處不勝寒」，如今我切身體會到了。出名之後，太多人想要當「Kiwi 李函」的朋友，我無法辨別是真是假，有些人想從我這裡得到什麼，有些人想搭順風車，利用我的知名度，做一些事情。有多少人是真心想和我這個人交朋友，我真的不知道。因為太容易相信別人，受過幾次傷之後，才懂得保護自己。

有人說我在舞台上氣場很強，看起來很有自信的樣子。以前的我其實很自閉、很內向，講話的時候都不敢看別人的眼睛，當了模特兒以後才漸漸找回自信，找到人生目標。

早期拍攝雜誌時，我因為資歷尚淺，經驗不足，常會受到旁人的白眼或冷嘲熱諷。雖然我的外表看起來兇悍不好惹，但我其實是個敏感又脆弱的人，這些冷言冷語都默默地在我心中留下了一道道看不見的傷痕。

我內心的某一塊是非常自卑的。到這裡，你可能會問：「妳怎麼可能會自卑？」自卑是種複雜的情緒，它可能出現在任何人的身上，無論長得是醜是美、是成功還是失敗。我是個好勝心非常強的人，每當受到別人批評、被人瞧不起，我都會將它轉換成一股想要向上的動力，同時，它也成為我自卑的源頭。因為我真的很在乎別人對我說了什麼話，想要證明給他們看！這也說明了那些外在批評與質疑在我心中是有分量的。我逐漸察覺到這一點，並且想要擺脫它。

一開始，我積極地想用完美的工作表現來證明自己是個有自信的人。但是，這世界上優秀的人太多了，當我將自信心建立在工作上的表現時，只要看到別人表現得比我更好，就會感到痛苦，內心糾結不已，陷入了更深的情緒泥淖之中。

我把自我價值建立在競爭上，不斷地和別人比較，不停地自我責備，擔心別人會怎麼想、怎麼看我？我是不是哪裡做得不夠？應該怎麼改進？還是需要更多的資源？……也讓這些困擾一直折磨著我，一直無法找到出口。一開始，我也會向親近的人求助，但身邊的人不會二十四小時 on call，隨時提供我安慰。所以慢慢地，我不再向外尋求，而是向內心尋求答案。

某種程度上，那些你過不去的自己，也是讓你活到今天的最大功臣。你所討厭的自卑、焦慮、界限不清……也可能是重要的寶物，陪伴你走上這趟人生旅程。所以，在意別人的看法也沒關係，總是覺得自己不夠好也沒關係，這些都是你的一部分。

有陽光就有陰影，有陰影就有陽光，不會因為你選擇看哪一面，另外一面就消失不存在。當你還不知道如何愛自己時，先試著對別人付出愛。你可能會從別人的笑容中看到你的價值，也可能在別人的讚美中發現，那並不是自己真正想要的。

張開同理心的翅膀，看得更遠

入行的這十幾年是個漫長的過程，在這段時間內，我學會了什麼是同理心。培養同理心並不容易，首先必須先了解自己，發現自己的不足。然後，摘下面具，展現真實的自我，不再小心翼翼地面對他人，也不再自我武裝，假裝自己是個強悍的人。同理心是一種換位思考，它是能夠理解或感受他人所經歷的事物的能力。你必須真心誠意地對待每個人，試著用對方的觀點來看待事情。

我曾經歷的事、受過的傷，都成為培養同理心最好的養分。因為曾經被欺負過，我才懂得適當地給予他人關懷。同理心也讓我不再為自己的情緒鑽牛角尖，遇到困難時，適時地抽離，給自己一點復原的時間。

人都是愛比較的動物。起初，我也很嫉妒那些比我優秀、成就比我更高的人，內心也會羨慕、怨嘆。但當我真的跟這些人一起共事、聊天時才發現，真正優秀的人是不會在暗處嚼舌根的，與其花時間忌妒別人，不如坦然面對自己的不足，進而充實自己。

有人說：「站在山腳下目測，永遠不知道山的高度。登上了峰頂，或許你以為自己站得很高了，當你遠望，如果能一覽眾山小，那證明你的確站得很高了！如果你需要仰頭直視才能看見對面的山頂，那是你的高度還不夠高；如果恰好平視對面的山頂，你的高度與它是一樣的。」看不見對手的高度，那是因為你的高度不夠；看見了對手的高度，卻又視而不見，表示你的氣度還不夠。

想通之後，我開始試著打開心扉，結交各式各樣的朋友，建立屬於自己的人際網絡，成為彼此的支撐網。同理心和支撐網是相輔相成的，它能將支撐網築得更高、更堅固。當你能設身處地地為別人著想、幫助對方想辦法解除困境時，與他人之間的連結也因此變得深厚，讓你感覺自己並不孤單。

同理心讓我有足夠的包容能力，支撐網則讓我更自由，能信賴我所重視的夥伴們，放手做自己想挑戰的事。就算大風大浪來襲，我都能安然度過，因為我知道，我的夥伴們會一起尋找出路。不過，表現同理心的時候要拿捏，一個不小心，可能被誤會成同情。同理心能使人獲得被理解的溫暖，同情心卻會使身陷挫折的人更加自卑。

在我面臨事業低谷時，每當聽到別人對我說：「天哪！怎麼會這樣？妳還好嗎？」心情都會變得很惡劣。即使知道說者無心，但他們充滿憐憫的語氣仍然刺痛了我的心。因此，在發揮同理心時，我總是特別小心。

說了這麼多，其實關心他人一點都不難。一個人情緒低落、受挫的時候，需要的其實只是一個擁抱，和一聲「我懂你」而已。或許朋友遇到困難時，你沒有辦法立刻幫忙他解決問題，但當他聽到你的語話和鼓勵時，便會產生一種「有人跟我在同一陣線」的安全感，進而有力量去突破困境。

經過風風雨雨之後，我才變得堅強。有人問我，怎麼樣算真正的堅強呢？當身邊最信任的人、最愛的人，都無法在第一時間支持你，你仍然堅持自己的目標，做自己認為對的事。

家人，
永遠的避風港

前面說到，由於媽媽身上背負著來自長輩的壓力，希望能把小孩教育成優秀的下一代，我是長女，自然首當其衝。從小媽媽就期待我成為一個大家閨秀型的女孩，我卻非常叛逆，不願意當個乖乖女，走上被家人安排好的道路。

在與人的相處上，我還挺相信星座的。我媽媽是獅子座，講話直來直往，喜歡支配，性子又比較急，習慣用命令句，而我又是細膩敏感的雙魚座，所以經常產生衝突。媽媽因為從來沒接觸過模特兒行業，對這個工作抱持偏見，覺得不安穩、不健康，我也不知道該怎麼向她解釋，就這麼僵持了好幾年。

直到十八歲那年，她陪我去試鏡了一個廣告，情況才有所改觀。那是一支化妝水廣告，影片拍攝內容很簡單，女主角蹲在池塘旁邊，看著水中的倒影，問自己：「妳是誰？為什麼妳的皮膚這麼好？」雖然只有一兩句台詞，在試鏡的時候，還是要求很嚴格。「演技一點都不自然！」、「到底會不會表演啊？」⋯⋯Casting 在二十多個人面前，把我罵得狗血淋頭。離開攝影棚後，我控制不住情緒，哭得很慘。媽媽立刻衝上前來安慰我：「既然這麼辛苦，就不要再做了啦！我們可以做別的工作！我不允許有人這樣罵我的女兒！」當時我心裡其實滿感動的，但還是擦乾眼淚說，自己真的很喜歡這份工作，絕對不會放棄。從那次起，她才知道做這一行是很辛苦的，不是單純靠外表就能走下去。

我剛開始接一些少女雜誌的案子，只是出現在面膜專欄，負責比圈圈和叉叉手勢再由編輯配上文字：這樣敷臉是對的、這樣敷臉是錯的……即使只占據微不足道的版面，雜誌發售當天我還是去7-11買了好幾本回來，送給奶奶、爸爸、媽媽，每人一本。我急切地想告訴他們：「這是我拍的，我有在成長！」渴望獲得家人的認同。

剛轉換跑道拍攝雜誌時，我的收入比當網拍模特兒要少，還要負擔治裝的開銷，過得比較辛苦。那時媽媽質疑地說：「妳這樣存得了錢嗎？既然拍雜誌更辛苦，為什麼不繼續拍網拍就好？」當時我只覺得氣憤，覺得媽媽根本不懂我。我想要一天比一天進步，不可能一輩子當個網拍模特兒！因此我大聲地說：「妳等著吧，我一定會撐過去，拍出有質感、時尚的照片，而且能賺到錢！」

雖然媽媽的不信任讓我感到灰心，她對我的嚴格管教，卻使得身在花花世界的我，沒有迷失自我。我十六歲就進入網拍圈走跳，目睹了圈內的一些不良風氣，難免會受到影響。拍網拍是一個賺錢很快的管道，但是賺錢快，花得也快！剛進入這行時，我就親眼見過許多例子，像是一些同行的女孩被高收入給沖昏了頭，養成買名牌包、經常出國旅行、吃奢華大餐的消費習慣，隨著錢越賺越多，胃口也越養越大，變成了金錢的奴隸。多虧媽媽狠狠地點醒我，強迫我養成儲蓄的習慣，讓年輕懵懂的我不至於墜入這個無底洞啊！

從一言不和到母女情深

我們都知道人與人之間「溝通」很重要，但在與家人相處時，卻常常忽略了這件事。尤其是家人之間常仗著關係親近，沒有好好傾聽對方說的話，或表達自己的想法。我和媽媽吵吵鬧鬧地過了這麼多年，就經常上演著「你追我跑」的拉鋸戰，只是，當我從家裡搬出來之後，母女關係突然好轉了。

以前我其實很害怕和媽媽溝通，因為一開口就會遭到她的否決。媽媽覺得我性格太過優柔寡斷、不切實際，對我的態度也比較強硬。雖然她的本意也是為了我好，但不知不覺中卻帶給了我很大的壓力。

二〇一七年我剛轉型成KOL，生活圈不像當模特兒時那麼單純，有許多需要調適的地方，受不了辛苦工作一整天回到家，還要接受媽媽嘮嘮叨叨的，像是疲勞轟炸，決定自己搬出來住。但是離開家之後，我開始回想起媽媽對我說的那些話，體會到她的出發點都是「愛之深責之切」。於是我鼓起勇氣，敞開心房，將以往藏在心底的小秘密，一件件地向她訴說。「媽媽，我覺得以前我真的不聽話，很對不起妳⋯⋯」、「以前我都騙妳說要去做報告，其實偷偷和男生約會。」隔著電話線，我將那些沒說出口的事情一一攤開，意外的是，媽媽的反應很平靜，還反過來安慰和開導我。這時我才發現，媽媽也是可以講心事的，只是以前我們都沒有找到對的溝通方式。

漸漸地，我和媽媽的相處更自在，關係也變得越來越親密，我們會一起逛街、喝下午茶、聊心事。以前她對我的工作不甚支持，現在和朋友們聊起我，還會拿出手機裡的照片，驕傲地說：「你看，這是我女兒，很厲害吧！」、「上次廠商贊助妳的口紅，不要的話可以給我呀！」我們之間甚至會出現這樣的對話，就像好姊妹一般。

暖男爸爸

我爸爸的個性與媽媽相反，平常是個沉默寡言、溫暖又貼心的大好人，默默地照顧著每一個家人。從小，他就把我和妹妹當成小公主一般，把我們捧在手心裡，只是沒有把我們養成公主病，該有的原則還是一樣都不少。平常雖然都是我媽媽在罵小孩，其實真正的大魔王是我爸爸。要是我們真的太皮，媽媽管不了，爸爸才會出動，只要他板起臉來說一句話，就把我們治得服服貼貼的，不敢再多說什麼。

爸爸和我一樣都不善言辭，不習慣將「我愛你」掛在嘴上，平常我們也很少有機會聊天，但在生活細節上總是能感受到他對我的關心，與滿滿的愛。很多人說，女生選擇的對象常多少帶有自己父親的影子，我和現任男友相處久了，發現他的個性真的很像我爸爸。他們都沒有什麼浪漫細胞，也沒有五花八門的興趣，過著看似平淡的生活，但很清楚自己的人生目標。他們不會說甜言蜜語，但是，如果我在外面遇到了困難的事，他們絕對會不顧一切地衝出來保護我。

隱藏版妹妹

我會戲稱妹妹是隱藏版，是因為我真的很少在大家面前提到她，直到最近粉絲才知道我有個妹妹。我妹妹和我是完全不一樣的人，我們長得不像，個性也截然不同。許多感情親密的姊妹會一起打扮得漂漂亮亮去逛街、在家裡吵吵鬧鬧的，這些事情我小時候也曾經憧憬過，但長大後才發現是做白日夢。我妹妹是個很中性的女生，從來不穿裙子，個性像我爸爸，安安靜靜、中規中矩的，和她一比，我簡直就是長輩眼中的叛逆小孩。從小到大我念的都是爸媽替我選擇的私立學校，但我一點都不喜歡念書，妹妹念的是一般公立學校，卻經常考第一名。

爸媽砸了很多錢，栽培我去學各種才藝，妹妹沒有這種待遇，反而活得很開心，這是因為身為長女的我替她擋去了來自長輩的期待，讓她能按照自己的步調生活，快樂地成長。妹妹的興趣和我不同，平常不會關注時尚圈的事情，不過我發現她還是有點崇拜我的，雖然嘴裡不說，但會默默模仿我的行為，我穿了耳洞，她也跑去穿；前陣子我去刺了青，她也跟著跑去刺。有時我會給妹妹一些廠商送的贊助品，或我覺得適合她的衣服，她表面上表現得很酷，心裡卻非常珍惜。有一次我無意間看到她的手機，發現她驕傲地向朋友分享我送她的東西很開心，卻裝作不知道，因為我知道她臉皮薄，只能將這個感動偷偷放在心底。

我十五歲就當模特兒，進入了五光十色的時尚圈，比一般同年齡的女孩更早看到這個社會的現實，而現實也逼著人一夜長大。我很感謝我的爸媽，雖然他們沒有給我天生聰明的腦袋，卻教導我正確的價值觀，讓我在浮華的時尚圈也能把持住自己，沒有迷失自己的方向，或是染上一些惡習。此外，我也要向他們說聲謝謝，感謝他們沒有阻止我的夢想，讓我可以一直做自己最喜歡的工作。

我親愛的
《《ㄓㄉ

15.

我在這個圈子待了十三年，有了一些知名度之後，不少知名的經紀公司都曾想要簽我，我也陷入了天人交戰的掙扎之中。大公司的資源豐富，這是無庸置疑的，跟著公司，原本需要兩年、三年才能企及的目標，可能一年就能達成了，對於渴望成功的我，是很有吸引力的。不過轉念一想，我當初堅持離開經紀人出來獨立，不就是不想要受到束縛嗎？當年的我年僅十九歲，沒什麼名氣、無依無靠的，都能靠自己的力量走下去，闖出一番名堂了，沒理由還要回到經紀公司的掌控下過日子吧？就算自己來要花更多的時間，我也願意。

我不喜歡被束縛，不想要有人告訴我今天應該穿什麼衣服、說什麼話。所以我一直是自己接工作，一開始沒有什麼問題，但去了香港後，需要面對許多國外廠商，業務越來越複雜，一個人忙不過來，急需找一個值得信賴的工作夥伴來協助我。於是我找上了大學時期的好友 Amber，來當我的經紀人。

Amber 是個普通上班族，我們在學校不是念同一個科系，但她的男朋友和我同班，有時會來我們的教室旁聽，久而久之，我們便熟絡了起來。Amber 的性格很樂觀正面，正好與我容易悲觀、凡事總做最壞打算的性格互補。在工作上，以前我都會先入為主地認為這個不行、那個有問題，現在每次當一個新的機會出現時，我們都會多方討論和分析，這個工作會為我們帶來什麼益處？以及承受什麼樣的風險？儘管我們的個性不一樣，卻常常碰撞出意想不到的火花。

Amber 就像是我肚子裡的蛔蟲，非常了解我的腦袋在想什麼，而我也知道她內心的想法。我是雙魚座，偶爾想法非常天馬行空，事實上我是比較理性的人，雖然在工作上是標準的行動派，設定的目標就一定要達成，但大部分的時候我會考慮得很周全；Amber 則是完全相反，比較直接。原本的我很沒有自信又內向，相處久了，我從她身上看到要肯定自己、更有自信這一點。Amber 學習能力強，做事很有效率，我們遇到鳥事時會一起解決，遇到開心的事情就抱在一起哭，我會和她分享生活中的喜怒哀樂。對我來說，Amber 就像個小福星，替我的工作注入了新的活力。雖然我們都沒有什麼經驗，許多事情都需要從頭摸索，但卻樂在其中。

米蘭時裝週的行李箱、相機遭竊事件發生後，我和 Amber 突然意識到需要一個專用攝影師才行，否則兩個女生要應付這麼多事情確實有些吃力。如果有攝影師隨行，還能拍出不一樣的時尚大片。此時，我開始興起了擴編團隊的念頭。這時我也思考著，怎樣才算是一個好的團隊呢？有人認為能力至上，而我最在意的是人與人之間的「連結」。所謂連結是指彼此互相支持和包容，從對方的身上獲得歸屬感。我不需要隨便湊合的同事，而是想要找到一群志同道合的夥伴。除此之外，更重要的是人品端正，這就是我的用人原則。

尋找團隊成員時，我首先想到的是那些以前幫助過我的人。除了合作過更令人安心，我也抱持著一種報恩的想法。在我辛苦時你幫助了我，現在我有能力了，也會回過頭來拉你一把。於是我們的團隊陸續有了攝影師、化妝師和造型師的加入，他們都是和我一起追求夢想的好夥伴。

攝影師 Jesse 是我在網拍時期認識的，他的個性既貼心又善良，在團隊中如同大哥哥的角色，會照顧好每一個人。在工作上，Jesse 也非常好溝通，願意接受與聆聽其他人的意見，加入《《ㄓㄅ前，他的工作以網拍和型錄攝影為主，很想要轉型，去國外闖一闖，卻苦於沒有適合的機會。

負責妝髮的 Our，在我十九歲剛開始拍攝雜誌的時候，就有一起工作的經驗。我們中間失聯了將近五、六年的時間，儘管都在同個圈子打滾，卻沒有任何交集。有次在拍攝型錄的工作場合偶然遇見，

他注意到我出現在廣告看板上的次數越來越多，我也發現他化的妝容越來越精緻。當我以 KOL 身分出席時裝週時，Our 剛好在工作上遇到一些瓶頸，猶豫是否要放棄，我真心覺得不想浪費他的才華，於是詢問他：「你信我嗎？有沒有興趣跟我一起工作？我們變成一個團隊，讓我們一起變得更好。」他很快就點頭答應。有了 Our 的加入，為我的造型增添新的風貌，活動邀約也明顯增加。而他經過時裝週講求「快狠準」的磨練，已可以快速地變換妝髮，透過長期的合作，我們也擁有了絕佳默契。

造型師虎虎原本是音樂團體玖壹壹的造型師，在二〇一八年年底加入《《ㄓㄅ，雖然我本身對穿搭很有一套，但有時卡到大量的品牌業配拍攝期，實在沒有太多時間去處理服裝的事情。在遇到虎虎前，我大概找過五、六個造型師，我發現自己想要找的人，除了專業之外，同時還要了解我，以及讓我發自內心覺得很酷的人。虎虎很懂得街頭文化，我們喜歡的東西也十分相似，每次準備一個新的造型時，我們都會熱絡地討論，也帶給我很多新的刺激。

我把每個夥伴當作朋友看待，當我在籌備一個拍攝時，會認真聆聽每個人的意見，尊重他們的專業，所以從成品來看，等於融合了大家喜歡的元素。正所謂「魚幫水，水幫魚」，《《ㄓㄅ每個人都是各司其職，讓我可以專心且放心地扮演好 Kiwi 李函這個角色，我們既是工作夥伴，又像是一家人，大家有著一個共同的目標，就是讓 Kiwi 李函變得更好。

沒有「我」，只有「我們」

在我的字典裡，夥伴的定義是這樣的：

夥伴是常常在一起，也不會彼此厭煩的人。

夥伴是偶爾分開了，常常會想念彼此的人。

夥伴是雖然會爭吵，但不會計較太多的人。

夥伴是在你遇到困難時，不計代價給予你幫助的人。

夥伴是在你生氣的時候會替你擔心，在你快樂的時候會陪著你快樂，但又會適時地提醒你，免得你嗨過頭的人。

在一次南部巡迴演講結束後，我們一起去刺青，我在手臂內側刻下了團隊的名字：《《ㄓㄅ（乖乖戰隊）。乖乖，是期望我們都不會被時尚圈的大染缸所改變，保持一顆單純的心，大家一起努力，一起分享甜美的果實。

在我的團隊藍圖中，沒有「我」，只有「我們」。每個人都是團隊中重要的螺絲釘。我們互相督促著彼此拴緊發條，也誠實地說出自己的感受。不拐彎抹角、不隱瞞、不勾心鬥角，也不把自己看得最重要！在工作上，比起爭第一，我更在乎的是想做對的、不讓自己後悔的事，相信他們也是一樣。我相信，好的團隊會彼此互相學習。比如《《ㄓㄅ的成員，全部都是很有自信、勇於肯定自己的人，這些特質都是原本沒有自信的我，打從心底羨慕的。和他們相處的過程中，我變得更正向、樂觀；相對地，他們也學習到我待人處世的溫柔態度。

在我最想放棄的時候，ㄍㄍㄓㄅ是支持我繼續堅持下去的動力，看到夥伴們開心的樣子，我就開心了。因為工作的緣故，我們一起在世界各地體驗各式各樣的工作風景，甚至在五星級飯店開香檳慶祝⋯⋯這些大家共同努力的成果，比起自己一個人獨享更美好。

16.

活在此刻，
享受當下

二〇一九對我來說是意義重大的一年。這一年，我的模特兒生涯走到一個新的高峰。在別人的眼中，李函年僅二十七歲，已是 Louis Vuitton、Dior 和 Burberry 等精品大牌的模特兒，巴黎 Louis Vuitton 總部指名邀我飛去紐約看秀，在主流媒體大量曝光、拿到國際大牌的代言、IG 的追蹤人數突破三十萬……這些光環，或許是很多人夢寐以求的「成功」，但我卻反而感到無所適從。

回想起二十三歲時，剛大學畢業的我天不怕地不怕，憑著一股初生之犢不畏虎的衝勁，就買了一張香港機票往前衝。一眨眼，四年過去了，我在事業上有了一點小小的成績，可當年那股義無反顧的熱情與衝動，似乎也隨著時間流逝，被現實一點一點地消磨了。我在這個行業已邁入第十二個年頭，要說熱情如初嗎？其實有時候連我自己也不知道。這幾年來時尚產業快速轉變，我也不得不跟著潮流走，由原本單純的模特兒，轉型成「KOL」。

成為 KOL 這件事有利有弊，最直接的就是反應在收入上。KOL 相當於將自己經營成一個品牌，廣告與代言是收益來源，在大眾面前曝光的頻率也會提高。只是，許多人只看到成為 KOL 的效益，卻忽略了背後的辛苦。這樣的轉型對我來說也許是好的，但其實我內心真正熱愛的還是做一個模特兒，在鏡頭前擺各種 POSE、挑戰不同型態的拍攝工作，從中獲得很大的成就感。說得直白一點，我喜歡當模特兒的原因，是享受被相機、

攝影機捕捉時那一瞬間的陶醉感，而不是將自己打扮得光鮮亮麗、背著名牌包，站在人群中，像隻驕傲的孔雀一般。

踏上KOL這條路，是一項不小的挑戰。認識我的人大概都知道，我並不是一個能言善道的人。但為了順應環境的變化，我努力練習自己的口條，學習社交技巧，秉持著腳踏實地的原則做好每件事情。不管是不是自己擅長的事，我都盡力去做。然而這一路走下來，讓我變得越來越不像模特兒，完全是個KOL的樣子。有段時間，我的生活完全被社群網站給制約了！連跟家人和男友相處時都會忍不住滑手機，經常每隔五分鐘就要看一下手機，觀察IG上的按讚和留言數有什麼變化，心情上患得患失，也被輿論給牽著鼻子走。久而久之，讓我在拍照時都感到渾身不自由。在多重壓力包圍下，我甚至萌生過放棄眼前這一切的念頭。每當我瀕臨崩潰邊緣的時候，Amber總會這樣對我說：「不管遇到什麼困難，我都會想要繼續努力做下去的原因，就是看到妳對工作的熱忱，十多年過去了，妳的熱情還是一樣沒有變質。」這句話讓我彷彿在絕望的深淵中抓到一根浮木，不管再怎麼苦，都還是能夠堅持下去。

在好萊塢電影《穿著Prada的惡魔》中，時尚雜誌總編輯米蘭達曾說過一句話：「忙到生活支離破碎的時候，就是事業開花結果的時候了。」這種為了事業犧牲一切的精神值得佩服，但在現實中難道沒有更兩全其美的方法嗎？我熱愛模特兒事業，也想要長久地做下去，卻不想要以犧牲自我作為代價。為此，我

思考了很久，決定放自己一個月的長假。我推掉了所有邀約，暫停手邊一切活動，和 Amber 買了兩張前往紐約的機票。

紐約是近幾年去過的城市之中，我最喜歡的一個，讓我第一次踏上這塊土地就忍不住愛上它。上一次來是為了參加時裝週活動，沒有太多時間可以好好閒逛，匆忙之中，雖然只是驚鴻一瞥，紐約的街頭已經在我腦海中留下不可磨滅的印象。對我來說，紐約是個充滿活力、創意與反骨的城市，帶給我不少新鮮的刺激和感受。此外，紐約也是自由的象徵，充滿了各種自由自在的交流，種族之間的融合。紐約人的時尚是獨特的，有別於歐洲國家的優雅浪漫，融入了街頭文化與商業元素，呈現出街頭風與精品混搭的豐富面貌。到了紐約，我和 Amber 說好了不工作，就真的不談公事，每天不是在街上隨意走走，就是逛公園、看展覽……即使只是坐在中央公園的長椅上無所事事地發呆一個下午，也覺得愜意。

當我們習慣待在同一個地方，久而久之，思考模式就會僵化，置身在陌生的國度，腦海裡反而會蹦出新的想法和靈感。這趟紐約之旅，在工作上還有了意外的收穫。當我到達紐約的第一週，一間我很喜歡的經紀公司就主動聯繫我，想找我去美國發展看看，令我非常驚喜。雖然最後因為時間喬不攏，沒能達成合作，我也承諾將來有合適的機會，一定優先考慮。

同一時間我也寫 E-mail 給最心儀的品牌——Alexander Wang 做自我推薦。Alexander Wang 的創辦人王大仁是亞裔出身，過去曾找

過亞洲模特兒合作，像是日本的水原希子。我心想，如果我能成為台灣區最具代表性的 ICON，很可能引起他的興趣。雖然沒有得到回覆，但我並不氣餒，可能是我的表現還不夠好，所以我會繼續讓自己更好。在紐約，我也重新思考了自己二十七年來的人生，還有對模特兒這個工作的熱情與初衷……

時尚超模 Karlie Kloss 在十九歲的時候便登上「維多利亞的秘密」
（Victoria's Secret）時裝秀舞台，經過數年的奮鬥漸漸成為品牌
的大台柱，卻在二〇一五年的時候毅然中斷與廠商的合作，回到
大學攻讀商業管理與程式設計的課程。課程修畢之後，她沒有應
外界期待重回舞台，而是拋下一顆震撼彈，宣布終止與「維多利
亞的秘密」合作，理由是這個舞台沒辦法呈現出她喜歡的樣貌。

Karlie Kloss 剛出道時，也曾經害怕「拒絕」會讓她失去工作，
如今她卻聽從自己的聲音，拒絕了美國的龍頭內衣品牌。她在
接受《VOGUE》訪談時說道：「我決定不再與 Victoria's Secret
合作，因為我認為這個形象既無法反映最真實的我，也無法向
全世界的年輕女性們傳遞關於美的定義。」受到女權主義影響
的她，希望能將選擇權掌握在自己手裡，不論是選擇合作的品
牌，或是自己想要呈現給大眾的形象。

「無論是穿著高跟鞋、化妝品，或僅僅是美麗的內衣，只要是
由你自己掌握並賦予力量，那就很性感。」現在的她非但沒有
失去工作，反而因勇於發聲獲得了更多同行的尊重。不少名模
從第一線退下之後並沒有走上 KOL 這條路，也一樣活出精采的
生活。紅極一時的超模 Nadja Auermann 現在是時尚品牌的高
層；「維密天使」Alessandra Ambrosio 退役後與好友一起創立泳
衣品牌，結合過去在時裝界的經驗與走秀十多年累積下來的人
氣，將品牌推向大眾，開啟事業第二春。所以，與時尚相關的
頂尖職業有百百種，KOL 是一個方向，卻不是唯一的選擇。

經過紐約一個月的洗禮，與冠旭、Amber 反覆討論，我慢慢釐清了自己的思緒。我仍然喜歡模特兒的工作，就要繼續享受美好的部分，並盡可能將不擅長的部分處理好。

「對熱愛時尚能支撐妳走過第一個十年，但第二、第三個十年，應該要用理性分析，帶著自己累積的經驗與專業，設定目標進行突破。」聽了冠旭的這番話，我整個人豁然開朗。反思自己的本業，確實還有很多進步的空間，IG 的經營方式可以再修正，增加其他社群媒體也能擴大影響力。

許多 KOL 享受被關注的感覺，喜歡穿著繽紛亮麗的衣服，喜歡站在多采多姿的時尚舞台。我一直把「Kiwi 李函」這個身分當成是一個工作，光鮮亮麗的是雜誌上、社交媒體上的李函，但在收工後，我只想換上最喜歡的黑色衣服，變成一個低調的隱形人，希望能自在地過自己的生活。

過去，我讓工作模式的「Kiwi 李函」入侵了整個生活，變得痛苦不堪。跟家人吃飯、跟男友約會的時候，我都不自覺地一直想要拿出手機處理工作，回覆社交網站上的訊息。因為害怕被淘汰，我給了自己太大的壓力，幾乎完全沒有休閒活動，也不敢休息，像個馬達一樣運轉，強迫自己把行程排得滿滿的。我曾經壓力大到五次鬼剃頭，每一次去參加時裝週時都瘋狂掉頭髮，不管怎麼看醫生都沒有辦法治好。

從紐約回來後，我開始懂得切換「工作」與「休息」的模式了。以前收工後，缺乏安全感的我總會想讓 Amber 繼續陪著我，但一旦我們兩個工作狂聚在一起，就沒辦法休息了，還是會不斷地聊工作的事。現在收工後，我們很有默契地各自回去休息，給自己一點放鬆的時間。而之後的時裝週，我終於不再脫髮，心態也變得輕鬆、愉快許多。

我體認到，不管做任何事情，最重要的是體驗過程的樂趣，而不是追求結果。一味追求終點，反而讓人忘記享受旅程的美好。人們喜歡活在過去或未來的幻想中，重要的不在於達成什麼，而是享受當下。

天使之所以會飛，是因為把自己看得很輕；人之所以能不斷成長，是因為保有一顆謙虛的心。

和 Amber 討論過後，決定我們的新的一年就是開心！何必總想著要爭第一呢？世界上強者那麼多，絕對比不完的。我不再想去爭第一、不再去討好別人的想法，走自己的路，做自己的時尚女王。

我相信，喜歡我的人會喜歡任何樣子的我。

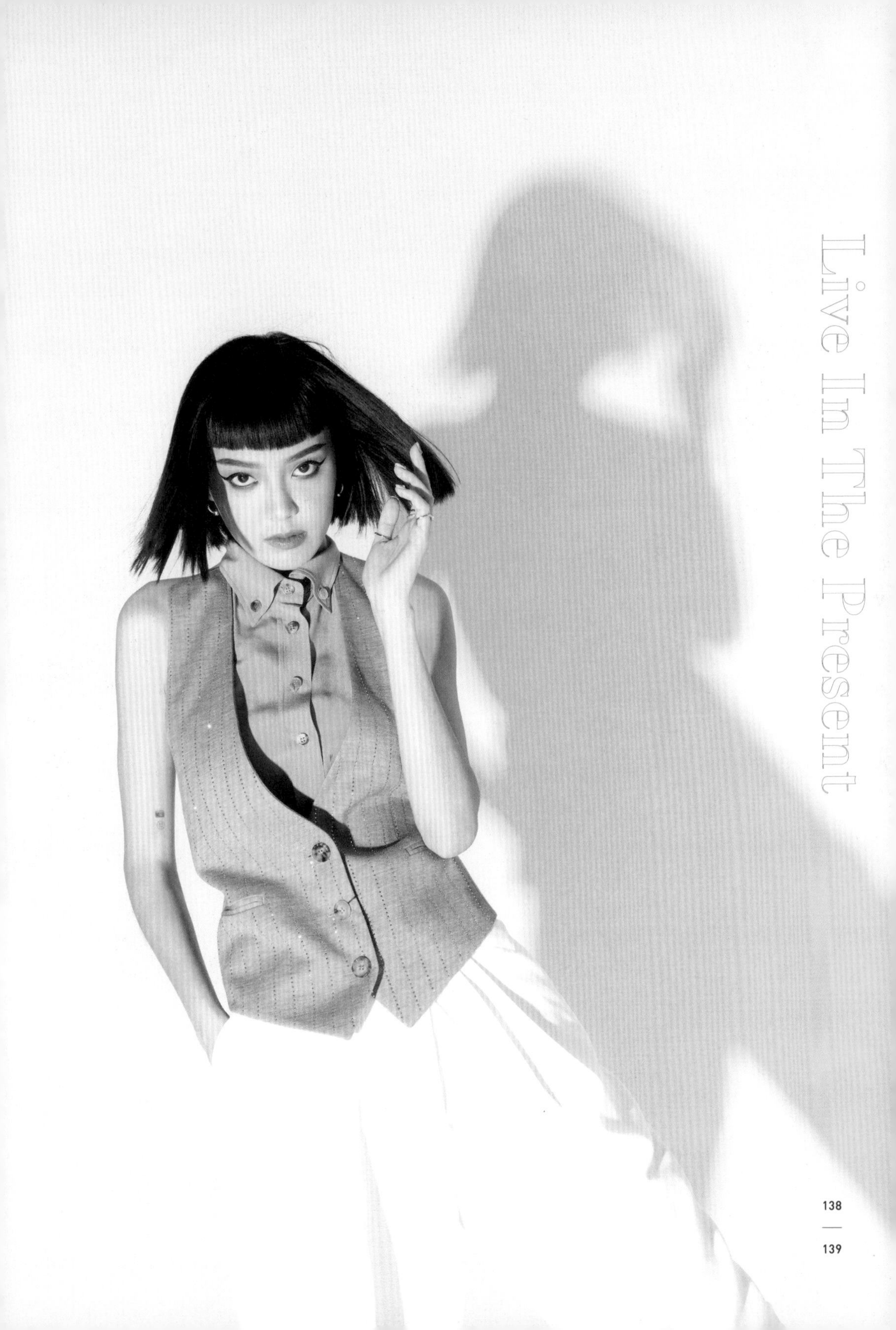
Live In The Present

17.

最好的愛情，
是舒服自在做自己

我開始談戀愛的時間很早，大概十五、六歲時，就交了第一個男朋友。他是一個從香港來台灣的攝影師，也是帶著我入行的重要人物。當時我才剛踏入網拍圈不久，什麼都不懂，是他從頭教我怎麼擺POSE，耐心地陪著我練習，一直到熟練為止。閒暇的時候他會找我一起去誠品看時尚雜誌，或是畫展、藝術展覽；他也會陪我去逛街，提供我一些穿搭上的意見。

從他的身上，我學會了很多東西，因此我打從心裡崇拜他，也很感謝他。可惜這段初戀並沒有走向圓滿的結局。之後，我又談了幾場刻骨銘心的戀愛，受過傷，也走了不少冤枉路，才慢慢學會怎麼去愛人，懂得如何維持一段穩定且美好的關係。

我是一個很需要感情生活的人，在感情上，我也遇過宛如八點檔連續劇的事情，對於愛情有了深刻的體悟。所以我在IG上經常分享一些自己的心情點滴，許多粉絲也會私訊問我關於感情方面的問題。我會從過來人的角度，提供她們一些建議。

「Kiwi，我的男朋友劈腿了，怎麼辦？」
我回答她：「分手囉，別傻了！妳都這麼好了，他還劈腿偷吃，那妳也別給他台階下。妳會遇到更值得愛的男生！」

「妳有沒有覺得自己已經做得很好了，卻依然留不住對方的經驗？」
「有呀！但是人沒有十全十美的，或許當下妳認為自己很好，他卻覺得妳不適合，那也沒有辦法。」

「我愛的人不愛我,怎麼辦?」
「那你也別愛他啊,互相!」

「我被已讀不回了,怎麼辦?」
「哪天他來密你,你也已讀他!人有時就是犯賤,你越想找他,他就越不理你;你如果不理他,他反而會想要找你。」

「總覺得和喜歡的人距離好遠,她似乎跟很多異性曖昧,怎麼辦?」
「感覺是感覺,不一定是真的。一直猜測很累,做人要直接了當,有夢就去追,有喜歡的人就去追!」

「面對一段感情的結束,妳是怎麼走出來的?」
「不停地工作、看書,做自己喜歡的事情。告訴自己妳很棒,既然那個人不懂妳、不愛妳,就讓自己變得更好,等待下一個會疼妳、愛妳的人出現。」

女孩們,好的感情不是找來的,是等來的。妳可以做的事就是把自己照顧好,找到新的人生目標,讓自己變得獨立。當妳把工作和生活都顧得很好,我相信好對象一定統統來排隊。我知道對很多女孩來說不容易,愛情往往就是她們人生的全部。所以我才會說,不要把感情放在人生第一位。當妳將其他事情都顧好,自然就不缺對象。每個人都不是十全十美的,就算妳已經認為自己足夠好,但他可能認為妳不適合他,那不是妳的錯,只是你們並不適合。

此外，重感情的妳也不要輕易就被感情左右啊！我知道這樣做很難，因為這也是我正在學習的課題。也許情竇初開的妳並不懂得什麼是愛，但是經過一次次的傷痛後，妳會更了解自己，也更清楚自己適合什麼樣的對象。每個人都是像小 baby 一樣，在感情中跌跌撞撞地走來，才學會成長，我也不例外。不知不覺中，我成為了朋友口中治療失戀的專家。許多人會問我，如何走出情傷？我覺得最好的方法，不是勉強自己看開，也不是倉卒地投入下一段感情，而是好好休息。妳可以用大把時間來努力工作，多看看書、做自己喜歡的事情。既然那個人不愛妳，妳就更要好好愛自己，努力讓自己變得更好，等下一個人出現，再等著看他後悔。

愛情像一面照妖鏡，照見真實的自己

我剛開始談戀愛時，總是太在意男友的看法，想要將最好的一面呈現給他看。就算私底下的我是個大刺刺的女生，與男友在一起時就會變得小鳥依人，扮演著討人喜歡的公主。一開始還能樂在其中，久而久之，不免對這段關係感到疲憊，自然也不會走到好的結局。就這樣鬼打牆地重複了幾次愛情輪迴之後，我終於發現自己的問題所在。我很容易因為愛上一個人，而去改變自己，遷就對方。無論是髮型、穿著打扮甚至性格，都會為了符合男友的喜好而做出改變，我對某些事情的想法、生活習慣，也很容易被他們所影響。我曾交過兩任男朋友，他們都是從事夜生活的工作，生活圈比較複雜，我的作息也因此被打亂了。

在我還沒剪瀏海時，曾經交了一個在夜店當 DJ 的男朋友。當時我的外表還是一副網拍模特兒的甜美形象，穿的也是雪紡紗那種充滿少女氣息的服飾。可是我男友欣賞的是夜店裡的辣妹，所以我改變了自己的穿著，只為了得到他的認同。不只如此，我還很容易讓感情影響我的工作，一旦感情順利，在工作上也會衝刺得很快！相反地，感情要是出了問題，工作時很容易心不在焉，無法打起精神來面對。去香港發展之前，我面臨了一個感情的關卡。其實我很早就有出國闖蕩的念頭，但當時的男友控制慾比較強，在「出國工作」這件事上，我們遲遲無法達成共識，於是計畫便暫時擱置了下來。不過，一和他分手，我就毅然決然地離開台灣去香港，因為我知道，再不跨出去就太遲了！

在那段闖蕩異鄉的歲月，我遇到了史丹，談了一段真正令我感到快樂的戀愛。在以往的感情關係中，我總是下意識地偽裝自己，戴上一個完美的面具，和史丹在一起時，我卻能夠放下包袱，做我自己。史丹比我小兩歲，我們就像一對歡喜冤家，經常打打鬧鬧。以前的我很壓抑，遇到他的時候非常驚喜，怎麼會有人這麼好笑、這麼能逗我開心呢？我們相處起來完全不用互相遷就，可以處在最舒服和自然的狀態。在一起三年多，我們幾乎每天同進同出，感情一直很甜蜜。我們經常在社群媒體上放閃，所以許多粉絲都對史丹很熟悉，也期待我們的感情能修成正果。

遺憾的是這段感情還是無疾而終，我們最後和平地分手了。隨著年紀增長，我發現在成人的世界中，不只是開心談戀愛就好，也要為兩人的未來做好打算。在工作上，我衝得太快，因此我們的腳步漸漸分歧，對事業的想法、對未來的規劃都不再一致，不得不選擇了分開。雖然分手了，我們也沒有就此斷絕聯絡，還是好兄弟、好麻吉的關係，一樣會約出來見面。我很感謝他，帶給了我三年快樂的時光。雖然我們彼此都交了新的男女朋友，仍然在心裡給予對方最深的祝福。

謝謝你走進我的生命

在愛情中，沒有人能光憑看兩性專家寫的書、聽別人的經驗談就學會怎麼愛，總要自己去嘗試以後才知道。當你吃了閉門羹、踢到鐵板，知道會痛、會不舒服，就會越來越堅定自我，進而找到

最適合自己的伴侶。從一開始對男友百依百順、沒有主見，到後來慢慢學習調整步調，我在愛情中學會最重要的一件事，就是不要為了對方，改變自己。如果一個人願意和你在一起，代表他喜歡你原始的模樣，而不是要你改變自己去迎合他。

與史丹分手後，我的下一任男友，很快就把我打回原形了！因為太喜歡他，我會盲目地遷就他，當時我很喜歡街頭風，喜歡穿寬大、中性的衣服和褲子，但是男友喜歡打扮優雅的女生，所以我在他面前總是穿著西裝外套、內搭襯衫和裙子，故作優雅端莊，一旦離開他的視線，才發現自己好累。太在意男友的我，在他面前總是上緊發條，言行舉止都想做到最好，像是在兩種不同的人格之間轉換，搞得自己壓力很大。這個過程持續了很多年，直到我認識了現在的男朋友。最近我在網路上看到一則感情語錄，正是我和現任男友的寫照：「最舒服的關係，就是我給你發訊息時，不用擔心你會不會回覆。我知道你在忙，但你一有時間，就會回覆。」

在男友面前，我不是什麼完美的女神，可以隨心所欲說任何話，輕鬆地做我自己，挖鼻孔也好、放屁也好，都不用擔心會失去形象，讓他因此嫌棄我。倒不是因為他多特別，是我的心態成長了。以前的我急於想要改變自己、改變對方，這是因為對男友、對自己、對感情都不夠信任，現在的我明白，安全感其實是自己給自己的，懂得去找尋屬於自己的安全感。過去我總是把感情放在第一位，寧願犧牲一切去成全愛情，強求來的感情是不會舒服的！

現在的男友大我七歲，是個成熟穩重的男人，有自己的事業及理想，也很支持我的工作。因為他以前當過模特兒，在我遇到困難時很能理解我的感受，也會耐心地引導我、給予我意見。認識我之後，他對KOL有了更多了解。他本身是個調酒師，現在也想成為調酒師中的KOL，努力宣傳自己開的咖啡店，希望讓事業更上一層樓。

在感情路上經歷過風風雨雨之後，我更想要追求平凡的幸福。從外表可能看不出來，其實我的家庭觀念是很傳統的，若這段關係一直穩定走下去，我希望能在三十歲前步入結婚禮堂、生小孩，哈！

後記

二〇二〇年，Kiwi 李函團隊的新計畫是創辦一家經紀公司。

經過這些年的觀察，以及跟粉絲的互動，我發現台灣真的有許多有潛力的後輩，他們可能會因為家人不支持、社會的眼光而退縮。希望我們的經紀公司能給予肯定，在他們的圓夢之路上提供一些支持。比起硬邦邦的公司名稱，我想「教室」會更適合為我們的新事業命名。同韓國的娛樂公司設有「練習生」制度一樣，等我創立了自己的經紀公司，也想要投注心血來創造一個教育空間，培育模特兒界的「練習生」。把「模特兒」當做夢想的年輕人不在少數，然而台灣並沒有一套完整的訓練體系，多數人不知道該如何入行，或只能像我當初一樣，從網拍模特兒、網美開始，慢慢往上爬，想要登上雜誌可能需要奮鬥兩三年的時間。

現在這個手機如此盛行的年代，每個人都能輕鬆用內建相機拍出好看的照片，許多人以為只要擺擺 POSE、拍拍美照就可以成為一個模特兒。他們憧憬的是模特光鮮亮麗的表象，卻不了解在這些美麗的背後，需要付出多少努力才行。若盲目入行，之後才發現一切與自己的想像相差甚遠，不但期待落空，還賠上了寶貴的青春。我希望除了創立模特兒經紀公司，並開設一個訓練營，運用我的經驗和人脈，給予新人模特兒幫助，不再重蹈我所受過的傷、吃過的苦。

Postscript

另外，訓練營也能讓年輕人進來體驗看看，模特兒這個職業究竟在做什麼、有多麼辛苦！就算體驗過後發現這不是你的人生志向，這些經驗也不會白費，學好怎麼擺 POSE，和朋友出遊、伴侶約會時，隨興一站，就能拍出網美級的照片；訓練一下美姿美儀，平時也能讓自己的儀態和談吐更加優雅。關於擺 POSE 的課程，我會親自出馬教學，也會請曾當過模特兒的男朋友幫忙；我也會請以往拍中文版時認識的模特兒朋友擔任走秀的老師。

近幾年來紙本雜誌受到網路媒體的衝擊，面臨衰退危機，許多明明很有實力也曾經紅極一時的國際中文版模特兒，都被迫提前退休。我很幸運地沒有在這波洪流中出局，還一路挺進國際大牌，然而這些人的經歷，都成為我的借鏡，提醒我要時時精進自己。

常常有人問我，等公司真的成立了，想簽什麼樣的人？毫無疑問，想簽和我一樣，有特色、想做自己的年輕人，而不是一個只會聽別人指示、沒有想法的乖乖牌。我不會介意他們的外表是否符合主流價值。一個身上有很多刺青的人，我會試著幫他接刺青相關的拍攝，或是需要有刺青的工作，染髮的人也一樣。

世界很寬廣，若台灣市場不能接受的模特兒，還有日本、美國、歐洲……總有一個地方可以接受你無畏地做自己。因為網路的崛起，世界迅速地在變化，未來年輕人的想法只會比我們更多元。除了放手讓他們做自己，我也想在培訓的過程中，教會他們應有的職業操守和道德。時尚圈就像一個大染缸，若意志不夠堅定，一不小心就被染得面目全非。在這個圈子裡打滾多年，我看過太多黑暗面。有些人在花花世界裡迷失了自我，為了爬上高位，走上不對的路；有些人被巨大的利益養大了胃口，價值觀崩壞，再也回不去了。

成立經紀公司的想法，其實已經醞釀了幾年，我希望在狀況最好的時候做這件事，宣傳的力度才夠大，而不是像半吊子，這樣年輕人簽給我也不會放心。無論是模特兒還是 KOL，吃的都是青春飯，不可能做一輩子，但我想要做到沒辦法再做下去為止，之後就把重心移到經紀公司，或在時尚圈找份其他的工作。

因為我太喜歡時尚了，無論如何都不想離開這個圈子。

Bonus—粉絲的快問快答

Q：如果不當模特兒的話，想要做什麼工作？

A：最強經紀人、成功企業家、有外表又有內涵的新時代女性。

Q：有機會的話，會舉辦粉絲見面會嗎？

A：其實真的會想見見大家耶！但又擔心自己的個性會 hold 不住場面，可能要等到新書出版，請出版社幫我辦囉！

Q：去時裝週穿的衣服是自己買還是品牌贊助？

A：如果是品牌邀請我去看秀，他們會贊助我一些衣服來曝光，但我自己也會帶一些喜歡的單品做搭配。

Q：去時裝週的造型、妝髮是自己搭配的嗎？

A：髮型的部分有妝髮師打理，服裝都是自己或造型師虎虎搭配的唷！

Q：為什麼會想穿那麼多耳洞？

A：我本身是不太怕痛的人，每次心情不好，就會去穿一個耳洞，因為很享受這種痛感，是不是有點變態？哈哈哈。

Q：妳總共有幾個刺青呢？右手小臂的刺青有什麼意義？

A：我現在共有七個刺青在身上，右手小臂的刺青代表我爸媽的結婚紀念日以及我生日的日期；而胸下的刺青是兩條魚，代表我是雙魚座。

Q：妳常常為了工作需要全世界飛，會不會很想家？

A：會！所以不用出國的日子，都會好好珍惜，家裡永遠是最棒、最舒服的！

Q：妳會穿沒有牌子的衣服嗎？

A：當然會啦！我又不是千金大小姐。名牌、自創品牌、平價的衣服，我全部都喜歡，就看怎麼搭配。

Q：在妳的人生中，什麼東西對妳來說最重要？

A：這個超難排序的，因為都很重要。一定要說的話，家人和健康擺第一，工作擺第二，感情和朋友第三。

Q：我很想學著愛自己，卻總是羨慕別人的長相，怎麼辦？

A：其實我也會羨慕鳳眼的模特兒啊！覺得鳳眼比較時尚，可惜媽媽沒生給我，還是要愛自己呀！

Q：事業和感情，妳會選擇哪一個？

A：以前的我會說感情，但現在的我會堅定地回答：事業。若是工作做得好，不用靠男人，你會活得很開心自在！可以用自己賺的錢買喜歡的東西真的很爽、很有成就感！如果你把工作與生活都顧得很好，自然就不缺對象。因為你身上會散發自信的品味與魅力，好對象就會自動一個一個來排隊，還有人會想插隊呢！

Q：我總覺得對未來很恐懼、很茫然，很羨慕妳當初一個人獨自闖蕩香港的勇氣，該怎麼做才好？

A：我其實也不是那麼有自信，但我會對自己說：「與其現在不去嘗試，等到老了再來後悔就太晚了！不如現在勇敢去做！就算最後沒有成功，至少你努力過了，問心無愧！」

Q：如果沒有經驗或相關背景，要怎麼成為模特兒呢？

A：只要有心，自然會找到路的。誰說模特兒一定要相關科系？我從高中到大學念的都是英文科，當初進入這一行也是自己闖出來的。只要花點時間做功課，你也一定可以！

Q：會不會害怕自己被討厭？

A：以前很害怕，現在知道，遇到討厭你的人，根本就不用理他們！如果你不在意他們的攻擊，他們很快就會膩了。

Q：面對不實的謠言，常常會想為自己反駁，但又很心累。在這種情況下，該怎麼調適心情呢？

A：那就保持沉默吧！沉默是金。被誤會、被傳播不實謠言確實挺累的，但多解釋多錯，就不必去在乎了，自己開心最重要。

Q：要如何讓自己充滿正能量呢？

A：學習與負能量和平共處，它會使你成長。有時正能量、有時負能量，也很不錯呀！可以彼此平衡。

Q：現在的我覺得工作很疲憊、有倦怠感，為什麼妳能一路堅持走到現在呢？

A：因為我很清楚，自己在做一件發自內心喜歡的工作。我喜歡拍照擺 POSE，喜歡 fashion，喜歡穿搭、美妝，喜歡藝術。如果你感到疲憊，一定是有哪個環節出錯了，或是你其實並沒有很喜歡這個工作。

Q：工作、生活和感情都不順，覺得焦頭爛額的時候，該怎麼辦才好？

A：先選擇最重要的一件事去做，把它做好，接著第二件、第三件也自然會順利。我是不會輕易放棄的人，只會在心裡排優先順位，思考怎樣做才能更成功。

Q：怎麼樣才算穿衣服有個性、有自己的 style 呢？

A：我喜歡，所以這樣穿啊！只要你覺得穿這身衣服符合自己的個性，那就是你的 style；要是你覺得穿拖鞋很有個性，那也 OK。

Q：如何找到自己的風格？

A：第一步是了解自己的優缺點，然後不要盲目地追求流行。當你知道自己的優缺點，才知道適合什麼，而不是把流行的事物全部都套在自己身上。否則，大家都會變得像機器人一樣，失去自己的獨特性。

Q：有沒有建立自信的小撇步？

A：我在十多歲的時候是個非常沒有自信的女生，記得那時我找了一些自己喜歡的偶像明星的照片，把它們印出來，貼在床頭、書桌上，這算是「吸引力法則」吧！每天看著自己喜歡的人，自然而然地，就會想要努力朝他／她更進一步。當你變得越來越好，喜歡的偶像也會改變喔！那就代表你成長了。

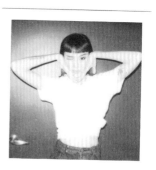

國家圖書館出版品預行編目資料

當花瓶又怎樣！你可以是青花瓷！／李函著．
-- 初版 . -- 臺北市：平安文化，2020.6
面；公分 . --
（平安叢書；第0655種）（Forward；57）

ISBN 978-957-9314-57-2（平裝）

1. 職場成功法 2. 自我實現

494.35   109006503

平安叢書第0655種

Forward 57

當花瓶又怎樣！
你可以是青花瓷！

作　　者─李函
發 行 人─平雲
出版發行─平安文化有限公司
　　　　　台北市敦化北路120巷50號
　　　　　電話◎02-27168888
　　　　　郵撥帳號◎18420815號
　　　　　皇冠出版社（香港）有限公司
　　　　　香港上環文咸東街50號寶恒商業中心
　　　　　23樓2301-3室
　　　　　電話◎2529-1778　傳真◎2527-0904
總 編 輯─龔橞甄
責任編輯─蔡承歡
美術設計─王瓊瑤
著作完成日期─2020年4月
初版一刷日期─2020年6月

法律顧問─王惠光律師
有著作權 · 翻印必究
如有破損或裝訂錯誤，請寄回本社更換
讀者服務傳真專線◎02-27150507
電腦編號◎401057
ISBN◎978-957-9314-57-2
Printed in Taiwan
本書定價◎新台幣380元／港幣127元

●皇冠讀樂網：www.crown.com.tw
●皇冠 Facebook：www.facebook.com/crownbook
●皇冠 Instagram：www.instagram.com/crownbook1954
●小王子的編輯夢：crownbook.pixnet.net/blog